KO!
再见,拖延症!

〔日〕大平信孝 / 著

潘郁灵 / 译

目　录

前言　001

第 1 章　不再拖延！给行动加上"初速度"　001

01　思虑太多而无法行动的人，可以尝试临时决定或临时行动　006

02　无论如何都无法迈出第一步时，试试 10 秒行动　010

03　麻烦的事，就在前一天稍做准备吧　014

04　在相同的地方做相同的事　018

05　想要养成新的习惯，就要与已有的固定习惯相结合　022

06　提不起兴致的时候，就活动活动身体吧　025

专栏 1　用好早上时间，能给全天加速　029

第 2 章　破除行动障碍，获得超级持久的注意力　033

07　桌面上的东西要各就各位　038

08	每个月整理一次电脑桌面	041
09	工作中断时，应写下重新开始时的最初任务	046
10	下班前，针对"明天早上的第一件事"做初步计划	050
11	心中太多挂念难以集中精力时，把它们都写下来	054
12	出现意志消沉的前兆时，应个案对待、就事论事地看待问题	058
13	当压力过大时，请闭目 1 分钟清空脑袋中的信息	061
14	散漫过头时，可以给自己适当加点压力	064
15	为和自己的约定设定期限	067
16	准备多份计划，消灭"意外"	070
17	若实在不想动，那就详细想象最坏的情况吧	073
18	给自己设定奖励，提升行动力	077
专栏 2	尝试把注意力放在"声音"和"姿势"上	081

第 3 章　不被感情左右，打造行动精神　　085

19	容易被结果所左右的人，可以从"打击率"角度来考虑	090
20	总是失败的时候，试着细分标准	093
21	要关注的并非"失败"，而是"成功"	096
22	关注"行动目标"而非"结果目标"，摆脱恶性循环	100

23	认清无意识挂在嘴边的"借口"	104
24	养成和过去的自己比较的习惯,而不是和他人比	109
专栏3	10秒即能提升自我肯定感的5种行动	114

第4章 从此不再说"太忙,没时间",做好时间管理 117

25	弄清自己的时间都被花到哪儿去了	120
26	制订计划表,坚守原则	125
27	工作时,以15分钟为单位来划分时间	130
28	确保每天有两次"认真的30分钟"	134
29	调节情绪的方法应视所需时间而定	137
专栏4	关于提升效率的4个问题	140

第5章 为了梦想和目标,关键是学会行动思考 143

30	想要改变人生,那就设定一个人生目标吧	148
31	设定目标①:关注自己的欲望,才能看清自己真正想要的东西	153
32	设定目标②:分别倾听"脑中的声音""身体的声音"和"内心的声音"	157
33	明确"目的"和"行动内容"	162
34	先了解自己的价值观,才能明白自己的真正目的	165
35	明确行动内容①:设定3个阶段目标	169

36	明确行动内容②：细分阶段目标	**173**
37	在达成目标的前夕，设定一个更高的目标	**177**
专栏5	如何提升自我形象，让你的行动焕然一新	**180**

卷末附录　如何记录推动目标达成的"回顾笔记" 183
后记 201
极简关键词索引 205

前　言

非常感谢您翻开本书。

首先，我想冒昧问大家一个问题：如果有个人，明明没有种下任何蔬菜的种子或幼苗，却还期待有所收获，不知各位怎么看呢？

大家一定会觉得，"这肯定什么也种不出来吧""明明什么都没种，还期待收获什么呀""怎么也得先播个种或者插个秧吧"。

我想，无论是谁都不会觉得不播种、不种苗，还能收获遍地的蔬菜，对吧？

那么，如果把这个场景代入我们的日常工作，或是想要实现的梦想、目标呢？

每个人都有自己的梦想或是目标，但出乎意料的是，很多人期待的只是最终成果，没有为实现它们而真正行动，真正地"动起来"。

立志"说一口流利的英语,最起码是地道的伦敦音",却连英语书都没未曾翻开过。

立志"要锻炼身体,塑造健康的体魄",却一直止步于寻找"合适"的健身房。

立志"要在自己喜欢的领域闯出一片天地",却连查个资料都不愿意。

…………

看到这儿,想必有些人感觉被戳中内心了吧。

每天的工作也是如此——

一边琢磨着"得快点向上司汇报这个问题",一边又拖延到了太阳下山。

眼看着明天就是报告提交的最后期限了,却总是提不起干劲。

觉得回复邮件太过麻烦而一直拖延,结果未读邮件越积越多……

这样的事情不断重复发生,于是我们就会忍不住责怪自己:"就说我不行吧""总是拖到最后一刻才动弹""要是早点开始干就好了"……

本书将帮你找到你身上"雷厉风行"的开关！这个开关存在于每个人的体内。其实，那些"一不小心就拖延了的人"只是忘了如何打开那个开关而已。

"雷厉风行之人"都有个共同点——会自然而放松地投入工作。

不依赖干劲和毅力，不勉强自己，让身心都处于放松状态。

那么，你为什么总是动不起来呢？

因为没有干劲？因为意志薄弱？因为性格问题？不，不是的。

你动不起来的原因，其实在于你的大脑。

我们的大脑非常讨厌"麻烦"。因此，一旦我们试图挑战新鲜的事物或是想要解决难题，大脑就会本着"保护生命"的原则，说服我们继续维持现状。

反过来说，只要能让讨厌麻烦的大脑不产生这种想法，就能打开"雷厉风行"的开关了。

为了让本书的所有读者都能快速学会打开这个开关

的方法，我归纳出了37种方法，并一一进行详细介绍。

虽然在这儿大言不惭地"摆事实、讲道理"，写了这么多说教性的东西，其实我自己也曾是一个重度拖延症患者。

好辛苦。

真麻烦。

又拖延了……

今天过得也不怎么顺心。

每天都忙得要死，可是感觉什么收获都没有。

好累。

什么都不想做。

…………

过去，我满脑子都是上面这些想法。

打开社交网络一看，满满都是"朋友跨界进入新领域了""在兴趣爱好方面取得了优异的成绩""在工作上取得了瞩目的成果""工作和私人生活都很充实，看起来过得很开心"……这让我产生了非常强烈的自卑感,觉得"与他们相比,我真是毫无是处""工作和生活都不怎么样,没有任何拿得出手、值得夸耀的成绩",于是忍不住默默叹气。

1天、1周、1个月、半年、1年,就这么不断重复着同样的自卑和感慨。时光不断流逝,却感受不到自己有任何成长,反而积累了越来越多的焦躁、嫉妒和后悔。

虽然抱着"我也想成为这样的人,要是我也能这样就好了"的一丝希望,可也只是光想不做罢了,实际上并没有采取任何行动。尽管如此,我还总是期待着幸运女神出现,赐给我机会的那一天。

当然,没有种下种子的土地上,长出来的不过都是些杂草而已。于是,我每天都在哀叹"我的人生不应该是这样的""为什么我会变得这么自暴自弃呢",不停地厌恶自己。

与脑科学、心理学的相遇,彻底改变了"灰头土脸"的我。

随着学习的深入,我意识到自己如今的状况并非单纯由于意志薄弱或是性格懒散，只是因为我不知道"如何打开行动的开关"。

因此，我才将自己原来"一味拖延的人生"变成了"别管结果如何，先播种（动起来）再说的人生"。也就是说，我养成了"无论如何先动起来，动多少都可以"的习惯。

如今的我作为一名心理培训师，充分利用这些知识，鼓励包括经营者和奥运选手在内的超过 1.5 万名客户勇敢迈出追求梦想和目标的第一步。而我将曾用过的所有方法，毫无保留地全部写入了本书中。

现在还没到动真格的时候。
等情况稍微好转些再行动吧。
先好好考虑一下，制订好计划后再执行吧。

时间就在这么犹犹豫豫中悄然流逝了……
啊，我再也不想这样了！
我要改变方式。
我要重塑自我。

我要把这本书送给所有为上述相同问题所扰的读者朋友们。

谁都有过"立刻行动困难症"的经历。准确来讲，其实不是无法立即行动，而是选择了"现在不动"。

那么，我们选择"现在不动"的标准是什么呢？其实一般没有什么明确的标准，而只是单纯地等待着某些东西。

比如，等待正确答案的出现，等待有人给出明确的指示、命令或方针，等待对方主动联系，等待状况好转或最佳时机，等待明确的得失结果，等等。

这些"等待"都有一个共同点，就是选择先"观察情况"，而不是积极主动地采取行动，促进情况好转，或是引导正确答案的出现。

可大多数这种"被动"的状态都不会扭转局势，反而会让局势变得越来越糟糕。

毕竟我们都生活在一个难以预见未来、正确答案和价值观都在不断变化的动荡时代，无论谁都想在情况好转之前先停下来观望一下，无可厚非。

我非常理解大家面临这种情况时的心情，比如，有时好不容易采取的行动最终却徒劳无功，甚至适得其反；不愿面对吃亏或失败；如果要行动，那就必须产出成果；在状况明朗之前不愿盲目行动。

不过，即使想要等情况好转，至少也在种下种子或幼苗、稍微采取点能成为事情转变契机的行动之后，再等待观望吧。只有这样，收获成果也即实现梦想或目标的可能性才不再为零。

哪怕只是一点点也没关系。只有亲自行动起来，才会得到改变、成果和反馈。也只有这样，梦想或目标才有希望实现，烦恼或课题才会有可能得到顺利解决。

不用担心。接下来我将为大家介绍不受个人性格和意志力的影响，能让任何人都想以及都能轻松地行动起来的"决胜妙招"。

"雷厉风行之人"总会积极种下希望的种子和幼苗。因此，他们会带着希望迎接每一天，愉快地度过每一天，并期待着第二天的到来。

请一定要用本书中的方法，一点一滴、脚踏实地地改变自己的人生。

希望这本书能成为帮助你塑造心中理想未来的一个契机。

大平信孝

令和三年①九月

---

① 公元 2019 年。

第 1 章

不再拖延！给行动加上『初速度』

有了行动的「头绪」，才能让嫌麻烦的大脑动起来

做事总是拖延。

明明想做，却懒得开始。

如果总是这样，我们可能就会不由得自责："为什么我的意志这么薄弱呢？""为什么就是没有行动力呢？"其实这是一种误解。

我在前言中也提到过，实际上，懒得开始并非因为你能力不行，也并非因为你意志薄弱。这其实是受到了人类大脑结构的影响。

为了维持生命，人类的大脑具有防御本能，只要没有感知到威胁生命的异常状况，就会尽量避免变化，维持现状。

如果我们试图改变既有的生活习惯或行为，准备进入新的状态，在最初的几天里也许还能依靠干劲和毅力持续下来。但大部分情况下都不能持久，所以总会出现三分钟热度或反弹的情况。

这并非我们的能力、性格或干劲方面的缺失，而是被大脑的防御本能所抑制。我们的大脑可是很怕麻烦的。所以这种大脑结构就注定我们很难顺利完成所有事情。

也许会有人因此感到不安，觉得如此一来，想要变成一个"雷厉风行之人",岂不就难上加难了?不过,请尽管放心。

我们的大脑中有一个叫作"侧坐核"的组织。侧坐核受到刺激后,大脑就会分泌提升热情、让人感到快乐的荷尔蒙——多巴胺。这个多巴胺就是行动力的源泉。只要能打开多巴胺开关,那么不管是谁,都能马上动起来。

而最大的问题在于:侧坐核这个开关是无法自动开启的。换言之,仅凭一腔热血高喊:"好,开始干吧!"是不足以打开这个开关的。

而且,即使得到身边亲友"加油哦!""我支持你!"之类的声援,或者被周围人指责"快点做""为什么不能马上动手"等,这个开关也不会被打开。

那么,到底要怎么做才好呢?

侧坐核只有在我们采取某种行动进行刺激的时候,才会释放多巴胺。就是说只有当"开始行动"时,才能打开这个开关。

看到这里,可能又会有人感到担心了,觉得"我就是因为没法立即行动起来，所以才看这本书的"。那么，再次！请您放心。

其实只需采取"一点点"措施，就能打开侧坐核的开关。

在此之前，大家要先了解我们的大脑还具备"可塑性"特质。

这里说的可塑性，是大脑的一种特性，指大脑不愿接受大幅变化、倾向恢复原状，却又愿意接受小幅变化的特性。

可见，只要不突然大幅改变行动，而是先从小处着手"慢慢改变"，就可以让怕麻烦的大脑接受改变了。

而且，所谓的"小动作"甚至可以是"打开课本""打开电脑电源"等完全无足轻重的事情。这种程度的改变，想必每个人都能做到吧！

不拖延、成为"雷厉风行之人"的关键，就在于要有"头绪"，也就是行动的"初速度"。

本章就来介绍一下利用这种"小动作"给行动加上"初速度"、让人马上行动起来的方法吧。

01 思虑太多而无法行动的人，可以尝试临时决定或临时行动

推荐人群

□完美主义者
□制订计划等于结束战斗的人

快速掌握的诀窍

就算是临时性决定也好，先决定一件"现在要做的事"，然后再行动起来

不能按计划行动的人，身上都有一个共同点，即"想做好决定再行动""为防止失败，我要先好好完善计划"的想法。当然，一味闷头苦干、不做任何计划或准备的人，也确实难以产出成果。

可是，如果我们把大量的时间和精力都放在思考上，而迟迟没有行动，那可就是对宝贵光阴的浪费了。

"计划好了以后再行动"的思考方式，正是你迟迟无法行动的原因。

想要马上行动，就要有意识地先追求"量"，后追求"质"。首先是增加"行动量"，其次才是提高"行动质量"。

大部分不能马上行动的人都是因为没有遵守这个顺序。他们大都忽视了第一阶段——增加行动量，而是一味地追求行动的质量。

这其中，也许还有些人想要同时追求数量和质量，结果反而让自己不知所措、无法行动。

想成为雷厉风行之人吗？那就先忽略行动质量，重点考虑如何增加行动量吧。

这时候就轮到"临时决定、临时行动"的思维登场了。

比如，那些想要开始锻炼肌肉，可还在"是去健身房好呢，还是在家锻炼好呢""必须得准备配套的运动服和鞋子呀"这种问题上犹豫不决的人，不如先换上现在衣柜里适合运动的舒适衣服，试着做上5次、10次的俯卧撑或仰卧起坐吧！

这就是临时决定和临时行动。

这种不看结果的尝试过后，可能会得到"俯卧撑做不到10次"或者"扭到筋太疼了"的结果，可这种结果光靠想象是得不到的。

这算失败吗？

其实这并非失败，而是行动后得到的成果。

若我们发现自己俯卧撑做不到10次，就可以先改为1天做3次，或是先从跪式俯卧撑做起等。我们会因此而了解到自身的情况，从而找到更适合自己的锻炼方法。

而如果扭到了筋，就说明我们用了错误的锻炼方法，那就可以考虑调整方法，例如，找间健身房、挑个好教练。

积极做出临时决定、采取临时行动，即便出现异于预期的结果，也只需稍微修正行动轨迹即可。

跨出一步，就能刺激侧坐核、产生多巴胺，并得到各种反应和亲身感受的反馈，也就能更好地决定今后的行动方向。

在完全适应之前，可能多少还会产生一些犹豫，不过一旦尝试，就会发现即便事情进展得不顺利，也不会对自己造成实质性的伤害。明白了这一点后，就可以毫不犹豫地大胆"往前走"了。

为了摆脱"思虑太多反而无法行动"的负面循环，请一定要试试临时决定、临时行动的方法。

要点 不顺并不意味着失败，要将其看成"行动后得到的成果"。

02 无论如何都无法迈出第一步时，试试 10 秒行动

推荐人群

☐ 得到指示就能立刻行动的人
☐ 绝不允许失败的人

快速掌握的诀窍

将最开始的一步细化为"10 秒钟内能完成的行动"

有尝试各种新鲜事物的想法，例如，想每天晨跑，或是想好好学习以考取资格证，却怎么也迈不开腿、动不起来。而且，就算想要尝试上文提到的"临时决定、临时行动"，可身体却持反对意见，怎么都不愿意动……

此时最有效的办法是，试着将第一步的难度降到最低。

具体来说，就是尝试先做一下 10 秒钟内能做到的行动。我把它叫作"10 秒行动"。

10 秒行动，顾名思义就是"只需 10 秒即可完成的具体行动"。

例如，想跑步锻炼却总是动不起来的人，可以试着想想"对于跑步而言，最开始的 10 秒能做些什么呢"，接着只要做这 10 秒的动作即可。例如，"穿鞋"或者"换跑步服"等简单的动作，无须考虑太多，只管先行动。

再比如，想要学习就先"打开课本"，想要早起就先在"前一天晚上设好闹钟",遇到麻烦的工作就先"启动需要使用的软件",等等。

这种行动看起来微不足道,有时也能带来戏剧性的变化。

为什么它会带来戏剧性的变化呢?

确实,10秒内能完成的事情是微不足道的。比如,当你希望移居东京,却并未真正开始行动时,10秒内能完成的事情,无非也就是在笔记本上写下"去网上找找适合移居的地方",或是写下已经移居外地的熟人和朋友的名字。

不过,没有人会在10秒行动这个阶段中失败。也正是因为"不会失败",才能顺利展开后续的行动。

尝试从10秒开始继续行动,若是能顺利进行,那便坚持下去吧。很多情况下,我们会在完成10秒行动后,又继续完成15分钟、30分钟的学习、长跑、健身、工作、整理东西等行为。

脑科学相关的研究对10秒行动的效果做出了证明。

如上所述，人类的大脑有着自我防御功能，为了维持生命，它会尽可能避开变化，保持现状。

但另外，大脑也具有"可塑性"，在变化幅度不大的情况下，大脑也是愿意接受改变的。

可见，如果这10秒内做出的改变不大，我们的大脑就可以应对这种变化。另外，10秒行动虽"小"，却也能起到刺激侧坐核的效果。

如果一味等待干劲来临的那一刻，那只怕是永远都无法行动。"先动起来"，干劲自然就来了。

要点 "干劲"可不会自己从天而降。

03 麻烦的事，就在前一天稍做准备吧

推荐人群

☐ 多为脑力工作的人
☐ 适应时间较久的人

快速掌握的诀窍

事先稍做准备，就会让嫌麻烦的大脑把"未知"当成"已知"

经费结算等事务工作,或是问题报告、学习、收拾房间等事情,总会让人忍不住想拖延,你是不是也有同样的烦恼呢?

想要迅速不拖延地完成这些事情吗?诀窍就隐藏在前一天。

比如,在工作方面,应在前一天下班前稍做准备;在私人生活方面,则应在睡觉前稍微准备一下。

以经费结算为例,我们可以在前一天下班前先输入第一个条目,或把收据之类的物品整理好,放在办公桌抽屉里最显眼的位置。

若是问题报告,就先和上司预约好汇报时间。

若是资格考试,就打开复习资料,并在旁边放好笔记等文具后再睡觉。

若是收拾房间,就在前一天晚上先扔掉两三个不需要的东西,并简单地整理一下将要收拾的房间,以方便第二天的清扫。

仅需这些行动,就能让原本容易拖延的事情变得更容易下手。

这个办法在处理那些需要动脑筋的复杂工作,或是初次接触的新项目时尤其有效。

在制订企划案和战略案时,可以把想添加的内容记下来,并大致浏览参考使用的过往资料,制作撰写概要时需要用到的新文档,并保存在电脑桌面上。

可能你会感到不可思议,觉得"就只有这些吗"?其实这么做的理由有两点。

一是能够降低行动的难度。

这和刚刚我们提到的"10秒行动"异曲同工,只稍微有所行动,让不擅长接受"未知"事物的大脑感觉这个行动其实是"已知",就可以避免与大脑想要维持现状的防卫本能产生冲突。

二是缩短了物理访问时间。

在已经事前准备的情况下,我们就可以毫不犹豫地继续行动了。在产生"好麻烦啊""今天还是算了吧"

等多余的想法之前，我们的双手其实就已经动起来了，因此，也能大幅减少拖延的情况发生。

这么做还有一项额外优势，那就是在稍做准备后再进入梦乡时，我们的想法会被不断完善，甚至孕育出新的点子。

大脑会在睡眠期间整理出当天的所见所闻，并在这个过程中唤起到此为止积累下来的信息和记忆，这些内容在脑中融合后，就可能迸发出一些意想不到的好点子。

可见，在前一天稍做准备，不仅可以强化行动力，还能带来额外的好处。

而且操作起来也非常简单，所以请一定要实践一下。

要点 工作结束后再稍微花点工夫，第二天的行动就会完全不一样！

04 在相同的地方做相同的事

在咖啡店里思考

在会议室里预约客户

在自己的办公位上做常规工作

推荐人群

☐ 需要处理多项任务的人
☐ 公司或家里太吵闹，难以工作的人

快速掌握的诀窍

首先，尝试在公司或者家附近寻找适合工作的地方

这 7 年间，我从未在自己的家中写作过，就连本书也是在家附近的咖啡店里完成的。顺带一提，我在这家咖啡店里只写稿子，其他的事情一概不做。

为什么我要彻底坚守这一点呢？其实是为了不让写作拖延下去。

我现在的 3 个主要工作分别是培训、学校运营和写作。所以，我家中的书房内摆着大量的相关资料。一看到它们，我就容易分心，进而导致注意力不集中、无法专心写作、迟迟难以下笔，于是便一拖再拖。

然而，截稿日期可不等人呀。

于是，我就想试试到家附近的咖啡店里写作。

这么做的理由也是十分充分的。

在相同的地方做相同的工作，会让大脑不断加深印象，让它自然而然地接受"到了咖啡店，就该开始写作了"。而且，同样的行为持续越久，这种印象就越强烈。

于是，一到咖啡店，大脑就立刻切换到写作模式，手里的工作也能顺利地进行下去了。

此外，去这家咖啡店的时候，我不会带任何与写作无关的东西，例如，电脑、相关资料等。所以在那里除了写作之外，什么都做不了，自然也就能更加集中注意力了。

这在心理学领域被称为"沉锚效应（Anohoping effect）"。

想要创造出这种条件反射，就不能毫无计划，而是要决定好"在这个地方做这个工作"，并且尽可能遵守这一原则。

谁都有不经意间就拖延了工作，或无法集中精力进行工作的时候。

因此，要在动手前先决定好怎么做，例如，"只在自己喜欢的星巴克里做需要集中注意力的企划类工作""在空闲的会议室预约客户""在自己的办公位上进行日常工作"等等，并且一旦决定了，就要尽量遵守。

当然这也同样适用于远程办公。我们可以把家里分成几个区域,比如"在卧室的桌子边最能集中精神,那就在这里处理企划立案等需要动脑的工作""沙发是看视频放松的专用区""在餐桌上做事务类工作"等等。

此外,沉锚效应不仅对"场所"有效,对"时间"也同样有效。因此,如果确定了"工作日的上午,在公司附近的咖啡店处理企划案的工作"这种包括行动内容、具体时间的计划,效果就可能会翻倍。

利用沉锚效应,将场所和工作联系在一起,能让原本容易拖延的工作做起来更加顺畅。

这个技巧非常简单,无论是谁都能立刻学会,所以请一定要试试看。

> **要点** 将特定的工作和场所联系起来,并视为一种日常惯例。

05 想要养成新的习惯,就要与已有的固定习惯相结合

> 通勤电车
> =
> 读书

推荐人群

☐ 缺乏持久性的人
☐ 想要挑战新事物的人

快速掌握的诀窍

列出类似"刷牙"这种每天都在做的事情

沉锚效应不仅能应用于"场所"和"时间",还能帮助我们培养习惯,尤其是那些想养成习惯却很难做到的行动,比如,学习、读书、写日记、拉伸运动、散步、锻炼肌肉等。

具体来说,我们可以在已有的习惯后面,额外加上另一个"想要养成习惯的新行动",例如,"刷牙后深蹲一次""早上喝完咖啡后打开日记本""坐上通勤电车后打开书"等等。

不是从零开始养成新习惯,而是借已有习惯的"东风",这会让新行动更容易持续下去而形成习惯。

重点在于明确已有习惯行动的最后一个步骤,以及想养成新习惯的行动的最初步骤。举个例子,不能简单地设定"刷牙后就深蹲",而是应该设定"把牙刷放在架子上之后,做 1 次深蹲"。

刚开始可能会觉得有些怪异,但持续一段时间后,就能在刷完牙后自然地做出深蹲的动作,如果哪天不做深蹲,可能还会觉得少了点什么。

要点 养成习惯其实无须从零开始,一起降低行动难度吧!

06 提不起兴致的时候，就活动活动身体吧

推荐人群	快速掌握的诀窍
□容易消沉的人 □伏案工作多的人	事先决定好"没有兴致的时候，要如何活动身体"

今天就是出差报告书完成的最后期限了，可总是提不起兴致去做。

A先生低头叹气。

B先生抬头望望天，睁大眼睛喊了一声"好嘞"！并比了一个"耶"的手势。

那么，你认为谁能更早完成报告书呢？

很多人都会觉得是B先生吧？回答正确！正是如此。

比起"消沉""低气压""忧郁"这种情绪低落的状态，"心情好""有劲头""兴奋状态"等情绪高涨的状态更容易让人行动起来。

理由正如我们之前提到的那样，高涨的情绪会促进行动力源泉——多巴胺的分泌。

其实，我们可以通过一些简单的办法来提升情绪。

虽然这样的情绪变化是非常短暂的，但遇到"明明有必须要做的事，却偏偏怎么也不想动手"的情况时，临时性的情绪高涨，可以让我们的行动初速度迅速提高。

促进分泌多巴胺从而提升情绪的最简单方法，就是高举拳头激情呐喊。这是幕府时代战场上鼓舞士气的一种方法。不过，如果在公司等公共场合做这个动作，就多少有些难度了。

但是，请放心。其实，只要稍微活动一下身体，就能刺激多巴胺的分泌。比如以下动作。

- 伸懒腰
- 调整姿势，坐直
- 活动一下肩膀
- 踮脚站立
- 原地轻跳
- 敲打自己的身体部位（脸颊、肩膀、胳膊、大腿等）

如何？这么做就没什么难度了吧？而且还不受时间和地点的限制。

若是远程办公，周围又没有其他人，那么在确保空间足够的情况下，可以尝试做 30 秒的快速高抬腿运动。

假如身处公司，则可以选择走楼梯或是外出买杯咖啡，同样都能产生一定的效果。顺带一提，研究结果证明，咖啡中的咖啡因也能促进多巴胺的分泌。

总觉得提不起兴致的时候，无须勉强自己鼓起干劲，不如稍微活动活动身体吧！成为一种习惯后，行动力也会得到很大的改变。

> **要点** 首先，试着调动自己的情绪吧！

专栏 1　用好早上时间，能给全天加速

如果在早上和家人吵架，可能一整天都会感到很烦躁。

如果因为赖床而在早起后手忙脚乱，可能一整天都会因为一些平时根本毫不在意的小事而发脾气。

越是觉得"今天好累，想好好休息休息"，这天就越是更加忙碌……

大家有过类似的经历吗？其实，心理学对这种现象做出过解释。

不知各位是否听说过"情绪一致性效应"（Mood congruent effct）？

这是个心理学术语，指的是人在心情好的时候，更容易看到的是事物积极的一面；在心情不好的时候，则容易看到消极的一面。

可见，心情愉悦地开始新的一天后，无论当天遇到什么麻烦，都会在短时间内迅速恢复平常心，同时也会以一种积极、平和的心态来应对遇到的人或事。

清晨的心情，是决定一日行动的重要因素。

在早上起床到开始工作之前的这段时间内，可以做一些自己喜欢的事情或是能让自己开心的事情。

可以"悠闲地喝杯咖啡""早餐吃点自己喜欢的食物""散散步""做做瑜伽或是拉伸运动""听听自己喜欢的歌""冥想""打扫卫生"等等，不拘类型，开心即可。

关键在于提前决定好"该在早上的时间做些什么"。既然都是自己喜欢的事，那么只要将这些行为融入日常生活，就能很快形成习惯了。

而且，起床后的几个小时内，我们的大脑处于非常清醒的状态，也更容易集中注意力，因此这段时间也被称为"大脑的黄金时间"。在时间充足的情况下，我们可以在这段时间做一些诸如制订企划案、制订战略计划、学习等需要集中注意力的事情。

此外，到达公司后，如果在工作中也加入一些固定行为，那便也能享受到情绪一致性效应带来的益处了。

例如，我们到公司后，不用立刻开始查看邮件，可以先"稍微擦擦桌面""扔掉垃圾桶里的垃圾"，或是"泡杯咖啡""伸个懒腰深呼吸一下"，养成先做一些能让自己心情变好的小事情的习惯。

不要因惰性心理而让自己的心态坐上"下行电梯",要学会利用清晨的好习惯,让心情顺着电梯"一路向上",开开心心地开启美好的一天。这个小技巧,也可以帮助我们变得更加"雷厉风行"。

第 2 章

破除行动障碍，获得超级持久的注意力

转移注意力的『行动障碍』其实随处可见

正在专注地工作，却有人上来搭话打岔。

要做的事情多如牛毛，让人无从下手，大脑一片空白。

半路杀出个程咬金，让人不禁慌乱不堪。

…………

每当遇到上述这些状况的时候，我们往往无法集中注意力，也就无法按照既定想法去做我们想做的事情。实际上，在我们的日常生活中，这样的"行动障碍"随处可见。

举个简单的例子：假设你今天本来打算到离家 30 分钟自行车路程的公园跑步，但是刚出发，自行车就爆胎了。这样一来，公园自然是去不成了。你给附近的自行车维修点打电话求助，可偏偏它们今天居然临时歇业了……

结果，一整天你都宅在家里，百无聊赖地看电视打发时间。

像这样一连串的意外事件叠加在一起，就成为阻碍行动的重要因素。

这时候，我们可以采取以下两种方法来应对和破除

这些"行动障碍":

①查明原因,排除障碍因素;

②继续专注于实现既定目标,将障碍因素的影响降至最低。

就拿刚才自行车爆胎的例子来说,既然自行车修理店关门歇业没法补胎,我们完全可以选择其他交通工具,比如,坐公交车、地铁或者出租车去公园。

这就是采用方法①"查明原因,排除障碍因素"的具体例子。

那么,方法②提到的"继续专注于实现既定目标,将障碍因素的影响降至最低",又该如何操作呢?

首先,我们应该弄明白自己原本打算到公园去的目的是什么。

那自然是去跑步了。

既然如此,我们只要就近选择另外一个地方跑步,同样能够实现这一目的。比如,我们可以上网搜索,查询附近还有没有其他可以跑步的公园。

对此,可能有人觉得"对哦""的确如此",从中受到启发。或许也有人会觉得"这样的想法很平常啊,也没什么特别的"。

不过,如果这样的情况发生在我们的日常行动、生活或者工作中,又该如何处理呢?

之所以看似稀松平常的事情却做不到,就是因为没有准备好应对之法。就算掌握了丰富的理论知识,如果没有为实战做好充足的准备,也终归是纸上谈兵,无济于事。

"都怪当时被打岔,所以才没有坚持到最后""没时间,没办法""突然冒出一些急事,不得不先处理""今天实在太累了,干不动了""不急不急,日后再说"——大家可以对照一下,是否也曾经用这些自欺欺人的理由,让自己的行动半途而废呢?

只要掌握了方法,我们就可以简单地排除那些转移我们注意力的"行动障碍"。

本章就为大家介绍一些既简单又行之有效的方法,帮助我们排除那些潜藏在身边的"行动障碍"。

07 桌面上的东西要各就各位

那本书到底放哪儿来着?

推荐人群

☐ 经常找东西的人
☐ 把不用的东西也都堆在桌面上的人

快速掌握的诀窍

将最常用的5件东西放在固定的位置

好不容易提起了干劲，却找不到要看的书了；本来要找剪刀的，但是桌上那堆没整理的书实在让人看不下去，结果也没心思做眼下该做的事情了；准备资料就耗费了大量的时间，结果真正撰写企划书的时间就大大缩水了……

有统计数据显示，公司职员平均每年花费在找东西上的时间达到 150 个小时。如果按照一个月 20 个工作日计算，则平均每个工作日耗费 37 分 30 秒在找东西上。更何况，找东西的过程还会令人陷入易怒、焦躁的消极情绪中，进而转移注意力，成为妨碍行动的重要因素。如果能够减少在找东西上花费的时间和精力，我们的工作就会变得更加顺畅，减少注意力的转移。所以，请务必把你的桌面收拾得清爽干净。

说起来很容易，但每次都是下决心"好好整理"一番，结果还是迟迟不见行动。所以，我们首先要做的就是从桌上或者抽屉里的文具、书本中，挑选出使用频率比较高的物品，并把它们放在固定的位置上。把注意力集中在使用频率比较高的物品上，至少压力没那么大。

再者，如果只是单纯地整体收拾，很快就会一切照旧。但如果能够确定一些固定的位置去放固定的东西，今后只要"用完归位"，自然可以有效防止再次陷入凌乱。

要点 明白"只要不把时间浪费在找东西上就可以了"，因此无须一下子把所有东西都收拾妥当。

08 每个月整理一次电脑桌面

满满当当

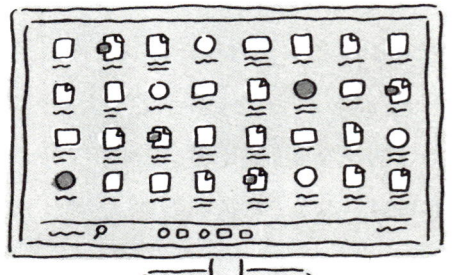

推荐人群

☐ 电脑桌面挤满了图标的人
☐ 需要费力查找数据的人

快速掌握的诀窍

试着删除一些不需要的文档

第 2 章 | 破除行动障碍,获得超级持久的注意力　041

不只是找不着东西让人抓狂，数据文档找不着同样是令我们丧失注意力、让内心抓狂的一大原因。

看看自己的电脑桌面是不是已经拥挤不堪、乱成一团了，是不是堆满了写了一半的报告或计划书、以防万一的备份数据、替换前的文档、下载的资料或者图片视频、不知何时下载的文件……

凌乱不堪的电脑桌面，导致我们不得不面对一大堆无关紧要的东西，搅得我们不是东瞧西看，就是心猿意马，于是该做的事情越积越多，却迟迟无法付诸行动。而且电脑桌面越是凌乱不堪的时候，往往越是临近截止日期、无论时间还是心态方面都应付不过来的时候。越是面对这种情况，我们越容易方寸大乱，导致注意力进一步下降。

虽然只是个人浅见，但我觉得那些会"烦恼于无法付诸行动"的人，他们凌乱的大概不只是桌子，想必就连电脑桌面上也塞满了各种图标，根本不知道自己想要的东西到底放在了哪个角落。

和在生活中找东西的情况一样，在电脑桌面上找需要的文档的时间，以一年为单位计算的话，累计下来也一定不是个小数目。

让我们动起手来，把电脑桌面也整理得像房间里的桌面一样整洁干净吧！

整理的方法如下：

首先，每个月给自己设定一个专门用来整理电脑桌面的时间。无论是月初还是月末都可以，把定下来的日子标记在日历或者日程表中。

接着，删除不需要的文档或文件夹。删除之后，建立以下5个文件夹整理电脑桌面：

① 保存、参考用

② 已完成（虽然日后使用的概率低，但是还不能马上删掉）

③ 本周需要的东西

④ 本周不作处理，但是正在进行中的事项

5 其他

其中，我们只把第③项"本周需要的东西"放在电脑桌面，而把其他 4 项全部移到电脑桌面之外的存储盘中，比如"本地硬盘的 D 盘""外接硬盘""云盘"等。同时保存在两个地方，以做好备份。

需要注意的是第⑤项"其他"。

这个文件夹专门用来存放现在不能删除但又无法归拢到①至④项中的文档或文件夹。在每月一次整理电脑桌面的时候，要记得建立一些文件夹，并用类似"2021 年 11 月"这种年月要素来命名，然后把相关的文档或文件夹全部移到第⑤项文件夹中。

只要这样经年累月坚持整理下来，当日后需要用到文件夹中的数据时，就能非常便捷地找出来。

实际上，单单通过整理桌面这件事，就能让我们的注意力提升一个档次。每个月一次，每次只要花上几十分钟，时间不多，但效果立现，强烈建议动手一试。

要点 把目前不用的文档，全部移到电脑桌面之外的地方去。

09 工作中断时,应写下重新开始时的最初任务

推荐人群
- □ 访客和电话特别多的人
- □ 想立刻就能集中注意力工作的人

快速掌握的诀窍
备好专用的便笺条

聚精会神工作的时候，偏偏有人来搭话。

最忙的时候，突然有客人来访或电话打进来，不得已只好中断工作。

午休起来，迟迟进入不了工作状态。

…………

注意力一旦中断，就很难重新回到原来的状态。虽然心里想着赶紧重新进入状态，结果不是上网浏览一下新闻，就是打开邮箱看看有没有新邮件进来……我想很多人都有过类似的经历吧！

实际上，想要顺利地重新开始中断的工作，是需要一点诀窍的。

那就是事先做好备忘录，把重新开始后马上要做的事情记下来。非常简单，却能帮助你在重新开始的时候瞬间找回注意力。

这是有科学依据的。我们被打断工作后，之所以无法马上集中注意力，就是因为不知道"重新开始的时候该做什么"。

特别是在办公室中，一般不会出现长时间持续做同一项工作的情况，大多数人都要多线程处理好几项工作。因此，一旦工作中断，很容易陷入"不知该从哪件事着手"的困境。

这种困境，就和注意力不集中有着直接的关系。

那么反过来说，如果能够事先为自己明确一道"从某件事着手继续做"的指令，那么即便工作被打断，也能不带困惑迅速回到原有的工作状态。

如果因种种原因不得不中断工作，那么只要在备忘便笺上注明回来后要做的事项即可。

我把这种备忘录起了个名字，叫作"10秒指令备忘录"。

"10秒指令备忘录"的效果已经得到了脑科学的证明。因为当人们遵照备忘录行动时，侧坐核能够得到有效的刺激。

如前所述，刺激侧坐核并分泌多巴胺的秘诀就是"先行动"。重新开始被打断的工作时的情形也同样如此。

顺便说一下，备忘录的写法也有诀窍。

- 现在马上读桌上的书。
- 现在马上给 A 先生回信。
- 现在马上读第 ×× 页。

…………

诸如此类，要按照"现在马上 ××"的格式写。这样一来，即便中途被打断，也能顺利地重新捡起原来的工作。

另外，建议把"10 秒指令备忘录"贴在电脑的鼠标或者显示器等地方，以便一回到工作岗位，就立即能够看到。

如果是平时不使用电脑的人，则建议把备忘录贴在桌子或者工作台的正中间、桌垫上等比较容易看见的地方。

要点 为了避免犹疑不决，建议只准备一张"10 秒指令备忘录"。

10 下班前,针对"明天早上的第一件事"做初步计划

① 确认明天的日程

② 设定理想

③ 写下3个核心事项
1. 确认之前的企划书
2. 制订草案
3. 查找资料

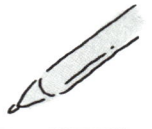

④ 三选一

推荐人群

☐ 要花很长时间才能进入工作状态的人
☐ 一旦早上进展不顺,一整天就会拖拉疲沓的人

快速掌握的诀窍

下班的时候预先决定"明天早上做的第一件事"

不知道大家有没有这样的经历，从早上到达公司到真正进入工作状态，需要花费很长的时间。

"这个今天从哪里着手呢？""对了，今天有个项目得结项了。""昨天那个做到一半的项目，该怎么办才好？"——就这样在犹豫不决中，不知不觉 30 分钟过去了。大家是不是很有同感？

为什么开始工作就这么难呢？其实这是因为我们不知道自己该做什么。就在我们左思右想的时候，时间却一刻不停地溜走了。

为了避免这样的情况出现，有一个非常有效的方法，那就是在前一天就把第二天早上要做的第一件事情确定下来，并做好备忘录。我把它叫作"早上第一道指令备忘录"。

当一天的工作结束，虽然已经疲惫不堪，但是工作的状态仍然还未完全消退。在这个状态下敲定次日的日程，并预先梳理一遍工作流程。

在此基础上，确定次日的 3 个核心事项。

经过这一番准备，第二天开始工作的时候，我们就可以迅速地从 3 个核心事项中选出一项立刻着手进行，并顺利开启一天的工作。具体如下：

- 第一步：工作结束时，确定"明天的行程计划"。
- 第二步：决定"明天的工作目标"。
- 第三步：为了实现这个目标，预先决定 3 个"核心事项"。
- 第四步：第二天开始工作时，从 3 个核心事项中选择一个，付诸行动。

在第一步中，我们需要梳理确认好明天该做的事情、打算推进的事项，或是会议、洽谈、截止日期等。

在第二步中，我们需要问自己"明天的工作目标是什么？""为了让明天过得更精彩，应如何安排？"等问题。

比如，完成企划书，完成至少一份合约，梳理那些悬而未决的事项，跟部下好好谈谈等，可以根据不同的情况得出不同的答案。

在第三步中，我们需要确定 3 个为了实现第二步而需要做的核心事项，并做好备忘。

比如，如果想要在第二天优先完成那份拖了很久的企划书，那就可以定出以下 3 个核心事项："阅读可供参考的历史企划书""15 分钟内做出草案""查找参考资料"。

做出以上计划后，第二天早上基本就能顺利着手了。指定 3 个步骤，只需在工作结束后花费短短几分钟即可。

到了第二天早上，只要参照第四步"第二天开始工作时，从 3 个核心事项中选择一个付诸行动"就行了。

事先做好决定，就不会在选择从哪里下手时再犹豫了。

若还是不太顺利，那便从剩下的两个核心事项中挑一个做吧。

事先准备好几套行动计划，可以防止工作卡在某一件事情上。

> **要点** 明天的工作进展是否顺利，取决于前一天的短暂准备。

11 心中太多挂念难以集中精力时，把它们都写下来

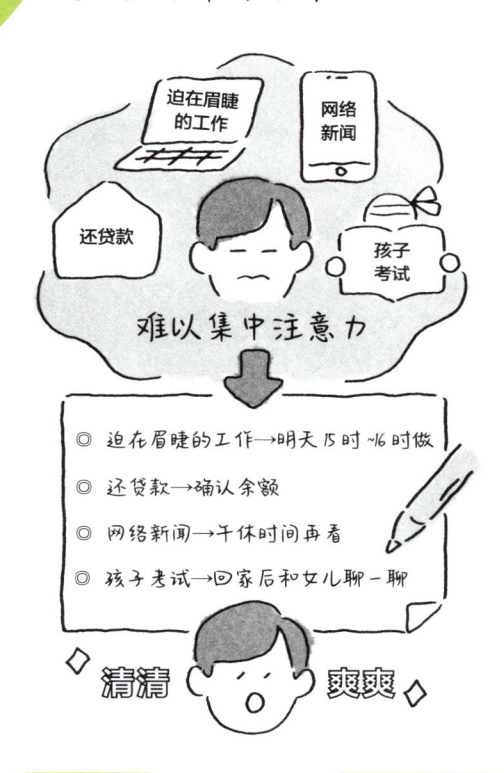

图中文字：
- 迫在眉睫的工作
- 网络新闻
- 还贷款
- 孩子考试
- 难以集中注意力

↓

- ◎ 迫在眉睫的工作→明天15时~16时做
- ◎ 还贷款→确认余额
- ◎ 网络新闻→午休时间再看
- ◎ 孩子考试→回家后和女儿聊一聊

清清 爽爽

推荐人群
☐ 忙碌的人
☐ 心中太多挂念难以集中精力的人

快速掌握的诀窍
养成习惯，把心里挂念的事情写在纸上

不知道大家有没有过这种经历：心里挂念着各种各样的事情，比如，待回的邮件、马上就到截稿日期的文件、身体状况、周末的活动、孩子的考试、未还的贷款、应援团体的比赛结果、每天的新闻等，以至于根本没办法集中精力完成当下的事情。

虽然有个词语叫"多重任务"，但是说真的，我们的脑子每次只能思考一件事情。如果一个人的脑袋里尽是悬而未决的事项，那就不可能集中精力完成眼下的工作。

遇到这种情况时，不妨把心里挂念的事情全部写出来。

脑袋里如果一团乱麻，是很难理出头绪来的，但如果能够将它们"可视化"，则事情会变得出奇地易于处理。

可以按照以下两个步骤来执行：
- 第一步：把"心里挂念的事情"如实写下来；
- 第二步：对照纸上的内容，一一注明对策。

举以下例子来说明：

• 预约下个月的午餐→本周内思考，并选出 3 个备选地点
• 忘记回邮件了→下午集中回复
• 还贷款→查看银行账户余额
• 预约会议室→下午回邮件前预约
• 今天身体欠佳→22 点前上床睡觉
• 有想看的新闻→午休的时候刷手机

把心里挂念的事情用文字写出来，能够将脑海中抽象的思考可视化，帮助我们厘清思路，让头脑变得异常清晰。

不仅如此，阅读自己写下来的备忘录，还有助于我们客观地分析自己的思考、感情、状况和行动。

对此，心理学中有个专用名词叫"超认知"。所谓的超认知，指的是客观地认知自己对事物的认知状态。简而言之，就是"能客观认识自己的已知和未知范围"。

"能客观认识自己的已知和未知范围",这句话听上去似乎是理所当然的,但实际上我们很难客观地看待自己。

按照上面的方法,把脑海中的未决事项写下来,我们就能俯瞰自己的思考和行动,提高解决问题的能力。一旦我们学会了自我超认知,那么基本上就能轻松地找到问题的解决方案。

进入这种状态之后,我们就能时刻保持头脑清醒,行动也会变得更加自然、简单。

要点 在脑海中进行"可视化",可以让思路更加清晰。

12 出现意志消沉的前兆时，应个案对待、就事论事地看待问题

推荐人群	快速掌握的诀窍
□ 要花很长时间才能从失败中走出来的人 □ 没得到想要的结果就立刻意志消沉的人	试着聚焦"行动"，而非"结果"

已经使出浑身解数却依旧丢了订单、鼓足干劲开始的肌肉训练结果还是变成了三天打鱼两天晒网……有时候就是这样，我们好不容易鼓足勇气迎接挑战，到头来却又功败垂成，于是情绪低落，整个人变得更加消极。人一旦进入消极状态，就很难在短期内振作起来。

人就是这样，在事情进展不顺的时候会觉得"我大概这辈子都不会有好运了"，在事情进展顺利的时候又总觉得"这肯定只是一时的幸运罢了"。但是，我们的生活中正好需要相反的想法。

比如，当我们的肌肉训练计划半途而废时，以下哪种处理方式能对下一次行动有所裨益呢？是仍像一般人一样觉得"我总是没法坚持下去""我下次一样坚持不下去"，还是就事论事"这次虽然没坚持下来，但下次可不一样"，答案显然是后者。

当事情进展不顺将要陷入意志消沉时，还是应该区别对待、就事论事的。

虽然我们无法控制"结果",却可以控制"行动"。所以应聚焦于自己可控的"现在能够付诸的行动",而非结果。

要点 把事情的顺利进展当作常态,而把挫折当作个案。

13 当压力过大时，请闭目 1 分钟清空脑袋中的信息

推荐人群	**快速掌握的诀窍**
□ 心理素质弱的人 □ 容易紧张的人	试着了解自己此刻的心理状态

第 2 章 破除行动障碍，获得超级持久的注意力　061

第一次接手的事情不容失败，而且基本找不到能供参考的过往案例和相关信息，既没人可以商量，更没有同道伙伴……面对这样的处境，不论是谁都会心浮气躁，感到压力巨大，从而陷入过度紧张的状态，最终导致脑袋不转、行动停摆。

退一步讲，就算情况没这么糟糕，实际上很多习惯多思的担忧型人也会瞻前顾后，担心"能否一切顺利""不会失败吧"等等，并陷入过度紧张的状态。

人在过度紧张的状态下，就如同一台死机的电脑一样，变得止步不前，久拖不决的工作自然也就随之增多了。经常感到紧张的人可以有意识地采取行动缓解紧张，这会让我们的工作更有效率。

缓解紧张最简单且行之有效的方法，就是"闭目 1 分钟"。

只要阻断眼睛接触信息，就能戏剧般地减轻大脑的负担、缓和紧张感。一项研究数据显示，人类大脑83%的信息是通过视觉获取的。一旦眼睛接收到过量的信息，大脑就会变得不堪重负。

此外，诸如深呼吸、喝几口喜欢的饮料等方法，也对缓解紧张有奇效。

要点 请记住，紧张程度是可以自己控制的。

14 散漫过头时，可以给自己适当加点压力

大家都对你寄予厚望！

炯炯有神！

推荐人群

□居家办公时散漫的人
□容易对自己放松要求的人

快速掌握的诀窍

一旦散漫过头，就想想"那些对你寄予厚望的人"

前面我曾提到"过度紧张是阻碍行动的一大原因",其实反之亦然,太过散漫也会阻碍我们的行动步伐。

例如,面对单纯的机械作业且没有进度要求,做不好也不会影响其他人时,我们很容易就会进入拖延状态。此外,在居家办公等无人约束的情况下,很多人也会因精神松懈而变得自由散漫。

此时,我们应为自己制造"适度的紧张"。制造适度紧张最有效的方法,就是不断提醒自己"我被其他人期待着"。

心理学上有个"皮格马利翁效应(Pygmalion effect)"。指的是一个人越是受人关注,越是被期待会成为一个"了不起""必定会成功"的人,就越可能取得如他人所期待的成绩。研究证明,即便这种期待和关注只是一种自我认定,也同样能够产生效果。换言之,当自己觉得"我正被众人期盼、许多人都在关注我"时,就会产生适度的紧张感，从而让自己更具行动力。这听着似乎是不可置信，却是不容否认的事实。所以，请一定要试试看。

要点 偶尔也要为自己施一点压。

15 为和自己的约定设定期限

推荐人群

☐ 不到最后一刻绝不动手的人
☐ 不知不觉就把自己的事情往后拖的人

快速掌握的诀窍

把"自己决定的期限"当作和"VIP之间的约定"

第 2 章 | 破除行动障碍，获得超级持久的注意力

为了解决过分散漫的问题，为自己设定期限是一个非常有效的办法。或许有人会觉得"倒是听说过设限效应这种说法，但是既然是自己设定的期限，那遵守起来也难免会打折扣吧"。

的确，在工作中会给别人造成麻烦的事情，我们就会逼迫自己严格遵守期限，但是为自己设定的期限，却往往落得食言的结果。这是因为，我们没有通过可视化的方式把为自己设定的期限写在日程表上。

为自己设限，实际上就是"和自己做约定"。和"重要的人"之间的约定，我们会将其记在日程表中最优先的位置，就算多少有些勉为其难，也一定会咬牙遵守。就算万一真的无法守约，也肯定会想出另外一套替代方案来完成约定，以免给对方带来困扰。其实仔细思量，我们难道不也是对自己而言"重要的人"吗？因此，请如同对待与别人之间的约定一样，把与自己的约定也作为最优先事项，记在日程表中最优先的位置，并势必遵守。

要点 将与自己的约定也作为最优先事项来对待。

16 准备多份计划，消灭"意外"

〈 A 计划 〉周六白天收拾屋子

〈 B 计划 〉周六晚上收拾屋子

〈 C 计划 〉周日早上 5 点收拾屋子

推荐人群	快速掌握的诀窍
□一遇到麻烦就手忙脚乱的人 □经常"计划落空"的人	做好计划无法达成的设想，并事先准备好预案

虽然计划"周末收拾屋子",但是突遇急事而没能完成。

虽然决心"这周要把报告做出来",但是身体突然不舒服,所以就给耽搁了。

…………

有时候,我们虽然给自己设立了一个期限,也努力过了,但最终结果可能并不顺利。

其实这不是个人的能力出了问题,而是制订计划的方法不对。

30分钟后、1个小时后等短期目标的设定自然另当别论,但如果设定的是诸如1周后、1个月后等持续时间比较长的目标,就会很容易遇到多种突发情况。

因此,我们应多设想意外状况,多做几手准备。

就拿收拾屋子的例子来说,我们可以如此设定计划:
- A 计划:周六白天收拾屋子;

● B 计划：（设想周六白天无法动手的情况）周六晚上收拾屋子；

● C 计划：（设想周六一整天都遇到突发情况）周日早上 5 点起床收拾屋子；

● D 计划：（设想所有计划都落空的情况）周日 15 点之后，绝不再插入其他事项。

若事先制订出多个计划，即使中途出现意外情况，事情也依旧能够按计划进展。

要点 替代方案应准备多个，不能只准备一个。

17 若实在不想动,那就详细想象最坏的情况吧

不会早点报告吗?!

瑟瑟　发抖

推荐人群

☐ 总是拖到最后一刻才行动的人
☐ 不善计划的人

快速掌握的诀窍

把若不立刻做就会导致的"风险"写下来

这么说或许很极端，不过所有人类行动的理由都无外乎"回避痛苦"和"追求快乐"。

回避痛苦，就是为了远离讨厌的事情而付诸的行动。我们会采取行动避开辛酸、苦辣、痛苦、羞耻等状态，其中最具有代表性的莫过于"逃离火场的蛮荒之力"了。

与此相对，追求快乐就是一种"想要"的欲求。也就是为了得到想要的结果、实现梦想或目标，或者获取快乐、高兴、好心情等情感状态而付诸的行动。

那么对于回避痛苦和追求快乐，你在日常生活中更注重的是哪一项呢？

在这里为大家介绍一个简单的判断方法。

首先，请想象一下"未来的事情"，半年之后或 3 年之后的都行。如果想到未来会心潮澎湃的，就是追求快乐型。与此相对，如果是充满不安和焦虑，甚至情绪低落的，则属于回避痛苦型。

不同的反应体现了不同的个性，与孰善孰恶无关。重要的是，你首先要明白自己更容易打开哪个"行动开关"。

明白了这一点后，只要掌握了打开自身开关的方法，就能够转化成相应的行动。

那么，先为大家介绍打开"回避痛苦"的开关的要诀。

假设在工作上遇到了一件麻烦事，正确的做法当然是立刻向领导报告，也能大大减轻自己的思想负担。而且早报告、早行动，也会让上司高看自己几分。可结果却因"这事很难开口，而且太麻烦了"而导致迟迟不敢行动。

在这种状态下，依靠"马上报告以求心安"的追求快乐型刺激，是起不到促进作用的。

与其用眼前的"快乐"来刺激行动，倒不如试着将"如果不马上行动将带来可怕后果"的情景具体化。

比如，我们可以在纸上写下这些内容：
- 不及时报告，麻烦越来越大。
- 麻烦大了，会给公司带来巨大的损失。

- 失去客户的信任。
- 最终结果，上司震怒。

…………

只要把可能来临的痛苦程度、严重程度具体化，我们就会下意识地觉得"我可不想变成这样""无论如何要避免这种情况"，而回避痛苦的行动开关也将借此打开。

如前所述，明确将要发生在自己身上的不利情况后，"回避痛苦"的开关就会被打开，从而让我们快速行动起来。

要点 注意不要过度使用回避痛苦的开关，只能用在真正需要的时候。

18 给自己设定奖励，提升行动力

推荐人群

- 老是觉得"不情不愿"的人
- 被义务和责任感驱使着工作的人

快速掌握的诀窍

设定一份给自己的"奖励清单"

在前一节中，我们介绍了打开"回避痛苦"行动开关的方法。

但如果频繁利用这个方法，工作和生活就会变得了无乐趣，这无疑会消磨我们的脑力、心力和体力。

特别是当我们要靠"不得不做""应当去做"这样的义务感和责任感来驱动行为时，更会觉得身心疲惫。

这时，我们就需要启动"追求快乐"的行动开关，充满激情地投入行动。

习惯打开"回避痛苦"行动开关的人，可以先尝试从想象"最高成效"开始做起。

所谓最高成效，是指想象一下自己准备着手推进的工作在最理想的状态下顺利推进时的场景。不仅是想象自己的笑容，如果能在脑海里浮现出同事、上司、下属、客户、家人以及朋友等周围人的笑容也会同样有效。

想要收拾满是灰尘的房间，可以想象一下自己在干净整洁的房间里优哉游哉的样子，也可以想象在家里招待朋友、和恋人一起用餐的情景。

想要备考资格考试，则可以想象一下考过之后的成功转型、升职加薪的情景。

这种预先想象行动目标的做法，在心理学领域被称为"内心演练（mental rehearsal）"。

通过这种内心演练，可以打开"我想要这样"的"追求快乐"行动开关，让我们的行动不再是受义务感驱动，而成为自发性的、自然而然的流露。

不过话说回来，"回避痛苦型"人可能不会单纯为了这一点而打开行动开关。

如果遇到这种情况，不妨给自己来一份"褒奖"吧。

比如：

- 工作结束后，来一杯爽口的冰镇啤酒。
- 今天早点回家，在家里吃顿晚饭。
- 看那部早就想看的电影去。
- 如果今天努力工作，那就奖励自己一点平时一直都不敢吃的甜食吧!

诸如此类,形式不拘。

就算给自己的奖励和工作没有直接关系,也能够起到打开"追求快乐"行动开关的效果。

> **要点** 准备一些不太花钱的奖励,建议增加次数。

专栏2 尝试把注意力放在"声音"和"姿势"上

容我冒昧地问问大家,平时有没有一些特别注重的地方?

我是有的。遇到这种情况时,我会迅速调整自己,就连步伐都会变得轻盈起来。

对我来说,所谓的调整就是改变自己"发出的声音"和"姿势"。

前几天外出的时候,正好有了点空闲时间,便顺路到一直想去的一家咖啡店里坐坐。正当我捧着杯子,一边喝着热乎乎的皇家奶茶,一边享受难得的浮生半日闲时,后厨突然传来了一阵又一阵"哐当""咚"的声音。我很是忍受不了,越听越心烦,便立即起身离开了。

当我们正处于忙碌或烦躁的状态时,行动也更容易变得杂乱无章。这时如果听到咖啡馆那种"乒乒乓乓"的声音,就更会涌出一股无名火。

声音是一种波动，能够直接影响到我们的身心状态。即使是自己发出的杂乱声音，也会让我们变得更加焦虑和烦躁。

因此，请尝试着有意识地控制自己发出的声音，随时做出调整。

比如，"轻柔地开关门或抽屉""小心地使用文具和办公用具""轻轻放置公文包及其他物品""轻声敲击键盘"等等。

让人心情愉悦的声音，还有助于平复和稳定心情。

另一个要点就是姿势。

其实，姿势与人的心态是有直接联系的。这种差别甚至会体现在具体的行动上。

一直"爱低头""驼背""缩着肩膀"的人，无论做什么都会感到不顺利。

如果觉得"这说的不就是我吗"，那就即刻收腹、挺胸、抬头。

如何？有没有一种充满干劲的感觉？

这其中原因有二。

其一，调整到最佳的姿势后，脊髓处的神经回路会变得更通畅。脊髓处聚集着许多对人体而言十分重要的神经，因此也被称为"第二大脑"。调整好姿势后，神经传达就会变得更顺畅。

其二，正确的姿势有助于加强空气在气管中的流通，让我们更容易呼吸到新鲜的空气。这可以改善人体的血液循环，增加大脑供氧量，从而更好地提高注意力。

所以，平时应多多注意自己的姿势。意识到自己正弯腰缩背的时候，就用力收腹，挺起胸膛来吧！

一个轻松的动作，就会大大提升我们的行动效率。

第 3 章

不被感情左右,
打造行动精神

雷厉风行者与拖拖拉拉者的差异并不在能力或性格上,而在于对事物的感知方式上。

事实上，雷厉风行之人和习惯拖拖拉拉之人，在能力或性格上并没有太大的区别。

而是在思考问题的方式、行为方式、接受事物的方式，以及与自我沟通方面存在着巨大的差异。

"所有的事情都有两次被创造的机会。"

这是《高效能人士的七个习惯》的作者、著名管理学大师史蒂芬·柯维博士说过的一句话。

简单来说，就是所有的事物都将经历在脑中被思考及在现实中被创造出来这两个过程。我们也可以将这两个步骤称为"智力创造"与"物质创造"。

以建造建筑物为例，没有人会二话不说就在地上竖起一根柱子来开始建造。无论我们要建造什么样的建筑物，都会先画出一份设计图，接着按照设计图来建造。

旅行也是如此，我们一般都会先做出一份攻略，接着才是真正出发前往目的地。

无论是工作还是学习，我们一般都会在真正着手之前拟订一个计划。体育运动员也是如此，在实际训练之前也会在脑中进行一次模拟，好让后续的训练动作更加流畅。

可见，人类的一切行动都要经过大脑的思维。

雷厉风行之人和习惯拖延之人的最大区别即在于此。

雷厉风行之人一般会在脑中描绘出一个"我能做到、我已经做到了"的乐观场景，并因此而获得动力。

而拖拖拉拉之人则总会在脑中描绘出"我做不到""太难了"，或者"失败了可怎么办"的悲观场景。

"要是能年轻十岁""我想有更多时间""我想有更多钱"，或"当时要是更努力些学习就好了"等想法也是如此。

如果我们在脑中描绘的是做不到的场景，大脑就会下意识为不做或现在做不到努力寻找"正当理由"。这种情况下，除非你有一个不得不做的理由或钢铁般的意志，否则就绝不会行动起来。

可见，悲观的想象是阻碍我们行动的主要原因之一。

因此，若想让自己成为一个雷厉风行之人，就要学会在脑中描绘"我可以"，甚至更为具体的"我做到了"的乐观场景。如此一来，我们的思考重点就会从"我能行吗？我不行吧？"转为"我该怎么做？""我要怎么才能做得更好？"等方面，从而不断推动我们向前迈进。

读到这里，你可能会想："这是由每个人的性格决定的吧？"或者"我是个悲观主义者，我做不到。"但正如我一开始所说，这并非性格或能力的问题，只要你稍稍改变认知方式，就能从消极型性格转变为积极型性格了。

在本章中，我将进行详细介绍。

19 容易被结果所左右的人,可以从"打击率"角度来考虑

5次能成功1次就OK啦!

推荐人群	快速掌握的诀窍
□容易因结果而忽喜忽忧 □思虑短浅之人	回头看看过去3个月的成果

你是否会过度关注结果或成果呢？若事情进展顺利倒也无妨，可一旦遇到波折，过度关注结果或成果的人就很容易因失望、沮丧而一蹶不振。所以遇到挫折时，我们要学会使用"打击率（AVG，Batting Average）"的思考方法。

职业棒球选手的打击率约为 25%，若打击率超过 30%，就能被称为世界顶级运动员了。那些看不到成绩就会感到沮丧的人，想必都把自己的目标打击率设定在了 80% 吧？

无论是工作还是生活，如果能做到 20% 的打击率，那剩下的即便是三击不中或是死球也无所谓了。换言之，只要每 5 次行动中有 1 次达到理想状态，就已经很不错了。而若是这个比例上升到 1/3，那可就是职业选手的水平了。

应在每周、每月或每半年进行一次思考。回顾阶段成果或打击率后，再冷静地考虑下一步行动。

站在一个更高的角度来看待自身情况的行为，我们称之为"俯瞰"。学会"俯瞰"后，我们就可以淡然看待眼前的结果，不会忽喜忽忧，而是将其视为宝贵的人生经验。

| 要点 | 告诉自己5次能成功1次就很了不起了。每天都要站在击球员区。|

20　总是失败的时候，试着细分标准

成功 / 失败

成功！
大体成功
还不错
勉强做到了
做到了一点
失败

不行……

不错！

推荐人群

☐ 容易失望的人
☐ 最近总感觉不顺的人

快速掌握的诀窍

找到"准确定位"

容易感到失落的人,往往只基于一个标准来思考问题。

那就是:"事情的发展是否符合最初的计划,或是否实现了目标。"

要知道,在绝大部分情况下,我们面对的都是美中不足的情况,当然这并不意味着世上就没有"完美无瑕"了。但如果我们只用这种简单的标准来衡量自己的行为,就意味着我们对自己的评价也是"非 100 即 0""非正即负"。

如果标准过于宽泛,我们就找不到自己的准确定位了。那么往往就会出现"其实已经完成了 70%,眼里却只有尚未完成的 30%,所以总是感到自责""明明还能有所进步,却过早放弃了"的情况。

有此同感的人,可以试着细分自己的判定标准,将更多的目光投向细微的变化、成功或结果。

例如,"企划案虽然被否决了,但田中部长夸我的方案很有意思"或"戒烟虽然失败了,但这次我坚持了一个星期呢",进步的程度并不重要,重要的是发现自己的进步,这将对我们的未来产生很大影响。

要点 感到不顺的时候,请以积极的心态回顾过去。

21 要关注的并非"失败",而是"成功"

只完成了一点点……

成功 眼镜

抽空学习了！ 百忙之中

推荐人群

□ 总是否定自己的人
□ 完美主义者

快速掌握的诀窍

写下"成功的事"

我要减肥，却还是忍不住吃了甜食。

我明明计划在睡前学习一小时的，却因为太困而睡着了。

…………

出现这种情况时，我们很容易自责或对自己感到失望，觉得"我为什么就是做不到呢？"但越是逼迫自己，就越容易失去信心、希望和干劲，觉得自己无异于一个废物。

那么，我们要如何走出这种负面旋涡呢？

接下来我要介绍一个适合所有人且非常有效的方法。

那就是写下成功的事情，无论多小都可以，将它们记录在一张纸上。

不要用"失败眼镜"来看待自己，应尽量使用"成功眼镜"。

每一次对"我成功了"的意识，都会让我们觉得"下一次我也能成功"!

例如,你要求每天早上都必须 5 点起床,但某天一不小心又睡了过去,醒来的时候已经是 6 点了。戴着"失败眼镜"的人就会觉得自己"早起失败""意志力薄弱"。

而戴着"成功眼镜"的人则会认为,"我比以前早起了半小时呢"或"我开始慢慢习惯早起了"。

哪种思维更利于继续坚持早起呢?

无疑是后者。

把自己成功的事件写在纸上,哪怕只是一点微不足道的进步,也会让你对"进步"有一个更加直观的认识。

要注意,即使我们做得不够完美,也可以努力找出闪光点。

例如,一个戒烟的人实在忍不住抽了一根烟。这时,完美主义者可能会觉得:"戒烟对我这种意志力薄弱的人来说,根本就是完不成的任务。"于是直接放弃了。

而那些觉得"我以前每天都要抽一整包呢,所以偶尔忍不住抽一支也不是什么大不了的事"的戒烟者,即便一再失败,也会慢慢减少每天的吸烟数量。

多年来，我为许多客户提供过咨询服务。就我的经验来看，自卑的人往往"即便有能力做到，也会认为自己做不到"。换言之，一个没有自信的人，很难发现自己真正的能力水平。

无论看起来多么糟糕的结果，其实总会出现一些令人满意的地方。一味否定自己的人，可能是习惯于将理想中的完美结果作为参照物来与现状进行比较。若真是如此，不妨试试设想一下最糟糕的情况，再与现状做一个比较，我相信你一定能找出自己的优秀之处。

学会这一点，我们就能养成用"成功眼镜"看问题的好习惯了。

> **要点** 不能仅靠头脑想，要用笔写下自己"成功的事情"。

22 关注"行动目标"而非"结果目标",摆脱恶性循环

〈 结果目标 〉

完全没效果啊……

〈 行动目标 〉

几乎不会失败 ← 行动起来就可以

推荐人群

☐ 结果总是不如预期的人
☐ 总是轻言放弃的人

快速掌握的诀窍

将每天的工作分解成多个小行动

"这个月的业绩又没法完成了""TOEIC 的分数还是老样子呀"……

得不到想要的结果时，我们可能就会感到很泄气，"这个月就算了，下个月再试试吧"或者"算了算了，我就不是块学习的料"。

其实只要再努力一把，多拜访两个客户，或是在学习上多用点功，就会出现很大的改变，可我们却因为懒得动而选择了拖延。

想要摆脱恶性循环，那就把目光从结果目标转移到行动目标上来吧！

结果目标注重的是结果，例如，"本月的销售目标为 × 万日元""获批 × 个项目方案"或"考过某某证书"。

而行动目标注重的则是为达成目标所采取的具体行动。以销售为例，假设结果目标是"本月签下 10 笔订单",那么行动目标就可以是"每天打 30 个电话""每天拜访一位老客户"或"每周向目标客户发出 20 封直接邮件（direct mail）"。

结果目标可以让我们时刻维持紧张感,预防自我膨胀。一切顺利的情况下,我们可以偏重于结果目标,因为这会激励我们更加努力。但如果身处逆境,或由于一些外部原因导致目标无法达成时,那么过分关注结果目标就只能徒增压力和焦虑,让人不想再继续努力。

行动目标则无关成果、结果,只要完成自己事先决定的计划即可,所以失败的可能性也就小了很多。

当你没有得到想要的结果时,不妨试试以下的目标转换方式,用行动目标来代替结果目标,或许就能大大减轻压力和焦虑,让后续的行动更有效果。

举以下具体例子（结果目标→行动目标）来说：

- 完成企划案→尽量完善企划案
- 跳槽→在 3 家职业中介所登记信息
- 夏天到来前减掉 5 公斤→每天早上跑步 30 分钟
- 每天更新博客→写出 3 个新博客标题
- 打扫房间→扔掉 10 件不用的物品

- TOEIC 考试获得 800 分 → 做 10 道模拟题

如果得不到想要的结果,那就将目标从结果转换到行动上来吧。

说到这里,我又要提一提上文中说到的"10 秒行动"了。如果你觉得即便设定了目标也不想动手,那不妨试试"10 秒行动"吧。

关注行动目标并取得一定的成果后,就请再次关注结果目标。 如果眼里只有行动目标,我们的工作就会陷入僵局无法前进。

> **要点** 分别设定"行动目标"和"结果目标",并视具体情况做出选择。

23 认清无意识挂在嘴边的"借口"

太忙了，明天再说吧

没时间
没信心
没钱……

利用早上的时间好好学习吧

推荐人群

☐ 借口多多的人
☐ 习惯逃避的人

快速掌握的诀窍

首先，从发现自己的口头禅开始

"要是有钱就能办,可是……""没时间,没办法。""我没信心,现在真的不行。"——大家平时嘴边是否总是挂着这些借口,或者心里老是这么嘀咕?类似的借口还有很多,比如,"从来就没有成功过""老啦老啦""爸妈(上司、朋友)反对""万一失败,那可就丢脸了"等等,不胜枚举。

实际上,这些我们平时总是不自觉地挂在嘴边的口头禅,往往成为诱发我们拖延症的导火索(Trigger)。因为这些口头禅会让我们把自己的无所作为当作理所当然,并潜移默化成我们内心的想法。

如果想要改变自己的行为和思考模式,认清自己的口头禅不失为一种有效的手段。

不过话说回来,要想突然改变阻碍自己行动的那些借口,其实并非易事。为什么这么说?因为自己的那些借口就像后脑勺上睡翘的头发一样,大多自己并未意识到。要改正自己没有意识到的事情,无论对谁而言都绝非易事。

因此,想要停止为自己找借口,第一步就是要认识到自己正在找借口这件事情本身。

首先,让我们养成一个习惯,在每天工作结束时回顾一下,这一天里自己有没有说一些诸如"没钱""没信心""没时间"等将自己的无所作为正当化的借口。

一旦养成了这种习惯,在下次再说这些借口的时候,马上就能反应过来:"哎呀,我怎么又说了?"只要能在借口脱口而出的瞬间意识到这一点,那就是一大进步。进入这种状态后,请把你每天说了几次借口记录下来,留档备查。

随着习惯的进一步养成,最终我们就能够在借口说出口之前,也就是脑海里刚闪现借口之时,下意识地发现"啊,我又想找借口了"。

万一还是不小心说出来了,也不要放任不管,应在每一次及时改口。

比如,一不小心还是说了"没时间,没办法",那就预备一些适合自己执行的替换说法,类似"虽然估计时间太赶做不成，但是时间这东西，挤挤总是有的""没时间做，要不就利用早上的时间来做吧"等等。应该事先想好一些相应借口的替换说法，在具体实施的过程中才会更加顺利。

我家老大总觉得自己理科不行，所以常常把"理科我实在学不来"挂在嘴边。于是我建议他把那句口头禅换成"我不是理科不行，而是没有找到学习的方法"，后来他学习理科的时候不再拖拖拉拉，考试成绩也上去了。虽然他对理科学习仍然存在畏难情绪，但在改变口头禅之后，整个人的学习积极性提高了不少，成绩自然也跟着提高了。

其次，找例外也很有效果。

例外大家都有，比如"虽然没有信心，但是进展顺利""虽然时间紧，但总算动起来了""虽然钱不够，但好歹撑过来了"，等等。

只要能够找到一次例外，我们就会发现那些挂在嘴边的借口，其实根本就不是行动的必要条件。

如果能意识到这一点，在面对困难的时候自然就能够找到"能做的理由",比如"没钱,那试试众筹吧""没时间,那就压缩低效时间,挤出时间来吧""虽然没信心,但是既然以前的挑战都能成功,那就无论如何先试一试吧"等等。

要点 语言,拥有强大的力量。

24 养成和过去的自己比较的习惯，而不是和他人比

〈 和他人比较的人 〉

〈 和过去的自己比较的人 〉

推荐人群

☐ 看了SNS（社交媒体）后容易低落的人
☐ 容易心生嫉妒的人

快速掌握的诀窍

和他人比较之前，请想一想对自己的要求

"那个人好厉害啊。唉，人比人气死人，我怎么就不行呢？"

"想知道他现在过成什么样子了。"

"好歹比他强，马马虎虎就这样吧。"

…………

大家是不是都有过这种拿自己和他人比较，然后时喜时忧的经历呢？如果拿自己和他人比较，然后能够奋起直追、迎接新的挑战，促进自己的执行力倒也罢了。然而更多时候，我们是在和他人的比较中，产生嫉妒、焦虑、低人一等、丧失自信，抑或骄傲自大、高人一等的心态，结果丝毫没有带来行动方面的提升。

既然我们大家都在过着普通人的生活，那么不管在工作上还是私人生活上，都离不开与人交流，现在更是可以通过SNS（社交媒体）便捷地看到他人的精彩生活。可以说，处在这种环境状态下，想不和人比较都很难。

问题不在于和人比较这件事本身,而在于我们在比较中情绪日渐趋于负面,从而阻碍行动。

那么,我们怎样才能做到不因与他人比较而变得时喜时忧呢?

方法很简单。只要我们不是与他人比较,而是和过去的自己比较就可以了。

与过去的自己比较,能够让我们把精力放在自己的成长上。

具体而言,我们可以和半年前的自己、1年前的自己、3年前的自己比较。

请大家养成下面这种思维习惯:"和半年前、1年前、3年前的自己相比,我有什么进步?"

这时你就会真真切切地感受到自己的进步和成长。

- 和半年前的自己相比,每天早起了30分钟。
- 和1年前的自己相比,常规业务花费的时间减少了一般。
- 和3年前的自己相比,能够抽出时间来做想做的事情，每天都过得很充实。

这时你就会觉得"自己也并非一无是处呀"，自己的行动力也会有所提升。

不过话说回来，和过去的自己比较时，有时也会发现退步的地方。这种情况下千万不要情绪低落，而是要积极展望未来。

具体而言，就是要想一想"和现在相比，半年后、1年后、3年后，我想成为什么样的自己？"

比如：

• 半年后我想拥有一副好体格，工作一天也不会感觉累。

• 1年后我想能够用一口流利的英语工作。

• 3年后我想结婚，组建一个幸福的家庭。

即便眼下过得不太如意，但是将现在和未来的自己进行比较后，就能更好地克服内心的自卑，建立起对未来的憧憬与期望。人就是这样，一旦明确了想要实现的未来，就能够朝着这个目标迈进。

不与他人争长短，只和自己比高低，这样能够让我们避免陷入自卑感或者优越感中无法自拔，集中精力关注自我成长并付诸行动。

要点 只要明白自己和过去相比成长了多少，就能更深刻地体会到"未来可期"。

专栏 3　10 秒即能提升自我肯定感的 5 种行动

近年来，自我肯定感下降的人似乎越来越多。这不只是因为令人不安的事情不断增多，还因为在现实生活中与人交流的机会锐减，受到表扬和感谢的机会也在减少。这些生活上的变化，正在侵蚀着人们提升自我肯定感的机会。毋庸赘言，自我肯定感下降必然伴随着行动欲的丧失。为此，下面我们向大家介绍 5 种仅需 10 秒钟便能掌握的提升自我肯定感的方法。

• 其一，当自我抱怨的时候，提醒一句"知道、知道"。

这种方法对习惯自我否定的人特别有效。当发现在抱怨自己时，在心里提醒一句"知道、知道"吧，这样会变得心情愉快。

• 其二，想要得到别人的认可时，拍着自己的肩膀说"你很努力哦"。

有时候，内心诸如"想得到那个人的认可""自己付出的努力想要得到认可"等想法，会转化成行动的强烈动因。但是如果把对自己的评价完全寄托在别人身上，却迟迟得不到相应的认可，将会导致自我肯定感下降。

此时，我们要做的首先就是对自己说一声"你很努力哦"，肯定一下自己。在肯定自己的同时如果能够配合双手交叉拍打肩膀、点头赞许等肢体动作，则效果尤佳。

• 其三，面对伤脑筋的自己时，回忆一下吃到美味食物的瞬间。

当陷入冥思苦想，迟迟难以付诸行动时，你只顾一头扎进思虑中，而忽略了发挥身体感官的作用。如果你是这种人，那就好好训练一下感官的作用吧！

方法很简单。你只要在脑海中想象吃到美味食物的瞬间就可以了。

这个动作，其实综合调动了你在享用美食过程中的画面（视觉）、味道（味觉）、触感（触觉）、气味（嗅觉）、声音（听觉）等5种感官作用。

继续往下想，慢慢地便能够着手行动，最终提升自我肯定感。

- 其四,想要忘记讨厌的事情时,嘴角上扬 1 厘米。

谁都会遇到不顺的事情、讨厌的事情,如果过度在意纠结,将会降低自我肯定感。

此时,试试将嘴角微微上扬吧,这个动作会带动表情和心情。单单嘴角上扬确实能够起到提升情绪的作用。

- 其五,面对筋疲力尽的自己时,抬头望天并伸个大大的懒腰。

持续的疲劳状态也是造成自我肯定感下降的因素之一。

人一旦疲劳,就会视线下沉、脊背弯曲,肌体进入关闭的状态。因此,通过重新打开肌体,能够有效去除疲劳。

我们的心情和肌体是一体联动的。肌体得到解放,心情也会相应地得到放松。

以上 5 种方法,全都是简单易行却又效果绝佳的动作,请务必一试。

第 4 章

从此不再说『太忙，没时间』，做好时间管理

「时间管理等于人生品质」

想要干劲十足,最重要的一点就在于"时间管理"。那么,为什么时间管理如此重要呢?

因为无论我们选择做什么、不做什么,都要消耗时间。

当然,任何人都无权拉长或缩短时间。在我们的有生之年里,每个人在每一天里都只能得到 24 小时,也即 86400 秒的时间。若我们将每秒钟的时间换算成 1 日元(约 7 分人民币),那么每个人每天能得到的都是 86400 日元,无人可以例外。这 86400 日元,既不能预支,也不能储蓄。

无论我们用或不用,每一日的时间都不会改变……

甚至我们可以将时间视为生命。我们做的每一件事,其实消耗的都是余生时间中的一部分。

意识到这一点后,我们的行动力就会发生改变。

本章中,我将为大家说明如何充分利用时间,做真正重要的事情。

25 弄清自己的时间都被花到哪儿去了

我的时间都去哪儿了？

- 投资
- 消费
- 浪费

推荐人群
- □ 总觉得时间过得特别快的人
- □ 拼命"维持现状"的人

快速掌握的诀窍

意识到时间是"余生时间"

毋庸置疑，所有的行动都需要消耗时间，这就如同投资需要消耗资金一样。

我们会使用账本来记录自己的详细支出，这也适用于记录时间的花费情况。

为了提升自己的行动力，我们需要准备一本用于记录时间用途的时间账本，并时常回顾。

做一本时间账本并不需要过多复杂的准备。

具体来说，我们可以将最近一周内的时间用途划分为"①投资""②消费""③浪费"3个类型。

这与对待金钱的方法是相同的。

接下来，就让我们逐一分析吧。

① 投资

所谓"投资"，就是为自己的未来做一个规划，并计算在使之成型的过程中需要花费的时间。可以是学习、实践、健康、交际等诸多方面。

以工作为例,可以是制订中长期规划、设定目标、指导后辈或下属、精进专业技能、提升效率、提出改善提案或计划书、改善会议效率等。

以个人为例,可以是未来规划、资产管理、个人成长、家人聚会等。

2 消费

"消费"是指我们用于维持生活的时间。例如,吃饭、睡觉、休息和转换心情等。也可以说是为维持现状而花费的时间。

以工作为例,可以是完成领导指派的任务、撰写报告或收集资料,准备会议或洽谈、确认进度、安排行程、接待访客、来电或问询、琐事、联系、报告、咨询、休息和聊天等。

3 浪费

"浪费"是指既非投资也非消费的时间,是我们在无所事事、漫无目的中度过的时间。例如，毫无目的的网络冲浪、不停收看网络视频节目或电视节目、暴饮暴食、过度熬夜等等。

以工作为例，可以是假装在工作（也就是网友们常说的"摸鱼"），形式化的晨会、学习会或其他会议，无人关注的会议记录或报告，毫无意义的加班，重复性错误，等等。

请注意，我们要做的并非消除所有"浪费"。就像汽车的方向盘上永远存在游隙，繁忙或疲惫的时候，我们也需要稍微偷懒或放松一会儿。但如果我们花费太多时间用于一些无目的、无创造性的事情，那就应该有意识地进行改善。将这些时间用于投资自己、投资未来，我们的未来就会变得更加美好。

可以说，若不进行任何"投资"，我们就只能一直"维持现状"。也就是说，即便我们想成为一个"雷厉风行的人"，但如果所有的时间都花在消费和浪费上，那就永远只能做一个"想做却做不了"的人。

那么,请先好好审视一下自己的时间都花在哪里了吧!

要点 减少浪费时间,增加投资时间。

26 制订计划表,坚守原则

时间段	○月 × 日
1 上班前	跑步
2 上午	撰写计划
3 12:00~15:00	开会
4 15:00~下班	处理工作
5 到睡前为止	放松时间

推荐人群

☐ 总是被待办事项追着跑的人
☐ 忙得脚不沾地的人

快速掌握的诀窍

为"想做的事"留出足够的时间

生活或工作过于忙碌，一天结束后早已筋疲力尽，根本没有时间来做真正想做的事情。要怎么做，才能为"想做的事"留出足够的时间呢……想必很多人都有这种困扰吧！

想尝试新的东西，却没有多余的时间和精力。确实，若一整天都被工作或待办事项追着跑，任谁都会感到疲惫不堪吧。被义务或责任感所驱使的行为，会让人备感疲惫，无论是工作还是私人生活，皆是如此。

不过，即便是同样的工作，只要我们善用时间，就可能得到完全不同的结果。最有效的方法便是制订计划表。这里所说的计划表，无须做到像学校里的课程表那般精细。具体而言，就是将一天分为 5 个部分，并合理安排任务或工作：

①上班前

②上午

③ 12：00—15：00

④ 15：00—下班

⑤到睡前为止

这个计划表的重点不在于"规定在这个时间段内必须做什么",而在于"做出最低限度的安排",剩下的时间则可以用于处理待办事项或其他事情。

①上班前

上班前的这段时间最不容易受到外界的干扰,所以尽量把重要的事情安排在这段时间。例如,运动、学习、冥想等与工作无关的事情。

②上午

上午是一个容易集中注意力的时间段,应尽量把需要思考或创造性的工作安排在这段时间。例如,制订中长期规划、撰写目标或提案、策划新项目等。剩下的时间则可以用于处理待办事项。

③ 15 点前

午餐后，人的注意力开始涣散，所以这个时间段不适合用于单人工作，而是比较适合用于讨论、开会、洽谈、调整计划等与他人一起合作的工作项目。

④ 下班前的时间

15 点到下班的这段时间会让人产生一种倒计时的紧迫感，人的专注力也会再次提升。所以可以在这个时间段安排一些烦琐但不重要的工作，例如，撰写报告、处理各种手续、事后整理，等等。也可以如上文中提到的那般，确认第二天的日程安排、决定最佳输出及 3 个关键任务。

⑤ 到睡前为止

下班后，就忘记工作，好好放松享受，好好给自己的心灵补充营养吧。享受美食，小酌一杯，与朋友聊聊天，沉浸在自己的爱好中，悠闲地泡个热水澡，也可以在睡前想想"今天发生的 3 件开心事"。

要点 注意不要将计划表定得过于详细。

27 工作时，以15分钟为单位来划分时间

推荐人群

□ 想让注意力更集中的人
□ 想让工作节奏更合理的人

快速掌握的诀窍

在桌上放一个定时器，做15分钟倒计时

总想提升效率，却又总是忍不住被网络新闻吸引目光，手也总是忍不住伸向手机，时间就在不知不觉间流走了。于是又总是忍不住抱怨：要是刚刚抓紧点时间，这件事就不至于拖到现在了……

出现这种情况，是因为没有为自己的工作限定时间。

脑科学的相关试验也验证了这一点：适度设置限定时间的情况下，大脑的活跃度和集中度都高于不设限定时间的情况。

不知道大家有没有听过"帕金森定律（Parkinson's law）"。这条非常著名的心理学效应认为，"工作一定会持续到截止时间的前一刻"。例如，一项只需 15 分钟即可完成的工作，若将工作时间设定为 30 分钟，那么这项工作实际就可能花费 30 分钟。

因此，如果没有设置限定时间，我们花费在这项工作上的实际时间，就可能超过其所需时间。相反，无论哪种类型的工作，只有为其设置一个限定时间，才能让注意力变得更加集中，并在最短的时间内完成。

我比较推荐15分钟时间分割法。听起来可能有些短，但只要注意力足够集中，就能有许多产出。

而如果将时间切割成60分钟、90分钟的长度单位，那我们可能就会忍不住先偷个懒，于是最初的15分钟、20分钟也许就会毫无产出。

在时间的计算方面，建议大家不要使用普通的时钟，而是改用可以进行倒计时的工具。

我个人比较喜欢使用厨房计时器，不过现在也多了很多更方便的选择，例如，手机里的计时器。我选择厨房计时器的原因在于，除了声音提醒外，它还会在倒计时结束后振动、闪烁。于是我在工作时就无须分心注意周围变化，可以真正做到心无旁骛。

至于15分钟的着手点，就是上文中提到过的"10秒行为"。

以制订企划书为例，我们可以先确定最初的10秒钟应该做什么,例如"打开企划书模板"或"取出相关资料"。然后在此基础上展开后续的工作。

这里的关键在于下定决心:"一定要在 15 分钟内完成这项工作!"也可以用一种游戏的心态来对待,挑战"看我 15 分钟能完成多少"。

反复实践后,你可能会发现"15 分钟不够用"或"15 分钟太长了,很难一直集中注意力。"

如果出现类似的情况,可以试着将计时器延长至 20 分钟或缩短至 10 分钟。

反复试验,就可以找到一个最有助于集中注意力的时间划分法。

要点 反复试验,找到最能集中注意力的时间单位。

28 确保每天有两次"认真的30分钟"

推荐人群	快速掌握的诀窍
☐ 想做却一直拖延的人 ☐ 在工作方面墨守成规的人	30分钟就好,让自己完全沉浸其中

我们无法在一整天里都保持极高的注意力，真正可以集中注意力的时间其实是很少的。

能否充分利用这些为数不多的时间，决定了我们的行动质量。

每个人容易集中注意力的时间段都各不相同。可能是清晨，也可能是上午或傍晚。

请将这段时间尽量用于"最重要的事"上，例如那些非常重要或是一直想做，却又迟迟没有着手做的事情。也就是我们常说的"不急但很重要"的事情。可以每天实践 2 次"认真的 30 分钟"。

确定时间段和要做的事后，就拿出专业运动员面对重要比赛的重视程度来吧！如果戴上耳塞或使用计时器来倒计时，我们就更容易进入忘我的状态了。

只要能做到全力以赴，哪怕只有短短的 30 分钟，我们也能大大减少拖延、获得成就感。

要点 创造一个与平时不同的氛围,让自己觉得这是一段特别的时间。

29 调节情绪的方法应视所需时间而定

推荐人群	快速掌握的诀窍
□容易失落的人 □难以排解压力的人	身体或心灵感到疲惫时,尽快转换心情

工作失败、没有得到预想中的成绩……出现这类情况时，一个善于调节情绪的人可以迅速让自己走出低落的状态。而一个不善于调节情绪的人，则可能在很长的一段时间内一直处于情绪低落的状态。

那么，这两种人之间究竟有什么差别呢？

差别就在于，是否能够决定一个适合自己的情绪调节方法。

浑身充满干劲的人其实也并非时刻都处于最佳状态。事实上做得越多，反而越容易出错。之所以还可以继续工作，秘诀就在于他们有一套适合自己的体力或注意力恢复法，可以在短时间内缓解压力、走出低落情绪——这也可以称为"个人秘诀"吧。所以他们才能随时、随地、立即投入工作中。

具体而言，可以将情绪调节的方法分为三类：深呼吸、拉伸身体、散步或吃甜食等"能在几分钟内完成"

的事情；打盹儿、清扫、跑步或洗澡等"30分钟左右完成"的事情；旅行、看电影等"需要一段时间完成"的事情。那么在需要转换情绪的时候，就可以根据具体的状态选择合适的方法了。

> **要点** 也可以试着用"这个做完后就可以……了"给自己鼓劲。

专栏 4　关于提升效率的 4 个问题

时间管理包含两个方面。

其一是提升工作效率,其二是提高时间质量。换言之,就是我们是否将时间花在了真正重要、真正有价值的事情上?

关于提升工作效率的方法,我们已经在第四章中做了介绍,那么接下来就要介绍一下如何提高时间质量。

关于提升时间质量,我们可以从以下两个方面进行思考。

①是否有收获?

②身心是否都处于良好的状态?

关于①,我想毋庸赘言。无论我们如何善于利用时间,若没有任何收获,那么这段时间就过得毫无意义了。有时会出现单纯以管理时间为目的的情况,实际上这是本末倒置的做法。

那么,为什么②的身心状态也很重要呢?

其实比起"做什么","在怎样的状态下做"对结果的影响力更大。

我们往往只关注"做什么""怎么做",却忽略了任何行为的原动力其实都是身心健康。想要提升行为质量,就要保证我们拥有良好的身心状态。

如果出现身体不适,或持续承受巨大压力的情况,我们可能会难以发挥出正常水平。此外,给自己施加"只有成绩才是我价值的体现""我真是个废物"等心理负担的情况下,也会导致最终成果大打折扣。

听起来似乎是理所当然的事情,但许多人,特别是商务人士们为了尽快出成绩,总会忽视自己身心健康状态的下降,从而导致时间质量下降。

想要提升时间质量,可以每个月问自己一次如下 4 个问题。

Q1:本月内有所进展的事情

Q2:本月内毫无进展的事情

Q3:身心状态上升的原因

Q4:身心状态下降的原因

接下来,就是要努力排除"本月内毫无进展的事情"

与"身心状态下降的原因",并努力增加"本月内有所进展的事情"与"身心状态上升的因素"。只有时刻意识到这一点,才能持续提升时间质量。

第 5 章

为了梦想和目标,关键是学会行动思考

行动力是改变人生的重要因素。

最重要的是思考『我能用它做什么』。

在上文中，我已经介绍了一些能够帮助大家成为雷厉风行之人的具体方法。通过阅读并付诸实际行动，应该能发现自己的效率提升了不少吧！

但可不能就此满足。我希望大家能在学会雷厉风行之时，体验到改变人生的美妙。

我认为，人类的行为可以大致分为两类：

一种是让消极状态归零的行为（零基行为），另一种则是创造积极价值的行为（加分行为）。

这是我根据美国临床心理学家弗雷德里克·赫茨伯格的"动机双因素理论（Two Factor Theory）"，为了让大家更易于理解而创造出的术语。

赫茨伯格认为，构成人类动机的因素可以分为两类：保健因素和激励因素。

保健因素会让人们产生不满或不足的情绪，激励因素会让人们获得满意度、成就感和幸福感。

换言之，零基行为有助于消除我们的不满或不足等情绪，而加分行为则可以让我们获得更大的满意度、成就感和幸福感。

我们以收拾屋子为例,"扔掉不需要的东西""用过的东西归位放好""打扫"都属于零基行为。

接着想象一下,你希望在一个整洁的空间里做些什么呢?比如"放置一些有助于实现理想的东西"或"改变家具布局",这些都属于加分行为。

想要成为上文中提到过的雷厉风行的人,增加零基行为就是一个非常有效的方法。这是我们行动力的根本源泉。

若能保证零基行为的顺利,我们就能更高效地完成工作,并形成良好的习惯。但并不能仅靠这个来实现梦想或达成目标。

就像仓鼠每天都干劲十足地飞快踩滚轮一样,不是所有的努力都能创造出价值。

所以在零基行为的同时,还应该问自己:"你真正想做的是什么?""要怎么利用因此产出的时间?"

这就是加分行为。

那么,我们想利用零基行为创造出的时间来做些什么呢?

为了让自己的人生更加充实，确保有足够的时间用于真正想尝试或想挑战的事情上，这就是加分行为。

基于个人性格、价值观和天赋，我们可以选择娱乐、放松、创造价值或个人成长等活动。成为一个雷厉风行之人后，可支配给加分行为的时间也就更多了，如此一来，我们的每一天都能过得更加愉快、充实。

只要做好以下 3 个步骤，任何人都可以轻松掌握"加分行为"：

1 设定目标

2 明确目标

3 决定行动内容

在本章中，我将依次说明以上内容。

30 想要改变人生，那就设定一个人生目标吧

你属于哪种类型	快速掌握的诀窍
□拥有梦想或目标 □被现状耗光了心力，无力思考未来	描绘一个"想要的未来"

我们需要梦想和目标来为自己的生活增添色彩，同时这也是加分行为的原动力。就像在汽车导航中输入目的地后，它就会引导我们开往终点，一个明确的目标也会激励我们不断前进。

然而，仅仅依靠语言或数字描绘的目标，是不足以让人产生干劲的。

也有一些人热衷于细分目标或设定具体的目标，但如果只做到这一步，往往会在达到阶段目标后便停滞不前了。

因为这种梦想或目标，其实大部分都是既往成就的延伸，是自己"力所能及的范围"。

例如，销售额较去年增加 10%、成绩比去年提高 10 分等等，其实都不算渴望实现的目标。

我们往往会因为"不想失败、不想失望、不想被骂、想成为幸运儿"而设定较为保守的目标。但这种保守目标不能打动我们，自然也就不会激起我们的行动欲望。

想要改变人生，我们就需要设定一个人生目标。所谓人生目标，就是丝毫不考虑实现可能性或情绪影响的"打从心底渴望实现的目标"。

人生犹如一场旅行。

即使从不外出旅行，我们也可以过上正常的生活。但如果觉得"每天、每周、每个月、每一年都在做那些不得不做的事""总觉得内心有些空虚""生活太单调"或者"我也想干点什么，可什么都还没干呢，时间就不知不觉流走了"，那就需要为自己的人生之旅制订计划、制订目标了。

没有人生目标的人，就像一段不知该往何方的旅行，每一天都在彷徨和迷茫中度过。一个没有明确未来方向的人，很容易被周围人的意见或社会环境所左右，总会因为眼前的一些小事而感到高兴和悲伤，他们的一切情绪，无论是喜还是忧，都是暂时的碎片式的情绪，不会对未来产生多大的影响。

如此一来，所有的行动、努力或辛劳，都不会被累积下来。

举个例子，假设 A 先生和 B 先生今年都是 30 多岁，且在同一家公司里工作。

A 先生认为"我这一辈子也就这样了，平凡到老吧"，每天都过着得过且过的生活。他觉得只要安安稳稳、不被公司辞退就好，同时也每天都在进行着机械性的工作。每每遇到麻烦，A 先生就会觉得："啊！我怎么这么倒霉啊……谁来救救我吧。"

与他形成鲜明对比，B 先生一直以来都有"要自己创业"的人生目标。所以在平时的工作中也会努力积累经验。遇到麻烦时，B 先生会觉得："不要紧，我会努力解决的。我将来可是要自己创立公司的，到时候一定会遇到更复杂、更麻烦的问题，所以现在的经历都是很宝贵的经验。"

面对同一件事，是否有人生目标会直接影响一个人的心态。而这种心态的差异，又会对每一次思考、选择、决定、行动产生深远的影响。

即使现在的工作并不顺利，或是没有达到自己的期望，但只要内心始终有一个人生目标，那么所有的行动、挑战、困难都会成为推动我们前往理想未来的动力。

即便是某些不想回忆的失败经验，或许在未来的某一天也会成为可以帮助他人的经验。最重要的是，我们的日常生活也会在不知不觉间变得充实而快乐。

要点 人生目标会对我们的思考、决定、行动产生深远的影响。

31 设定目标①：关注自己的欲望，才能看清自己真正想要的东西

你属于哪种类型

□ 正视自己欲望
□ 隐藏欲望

快速掌握的诀窍

明白欲望并不都是邪恶的

我想应该很多人都有过想要为了提升业绩而拜访客户，却又迟迟没有行动的经验吧。为什么我们明明有了明确的目标，却总是难以付诸行动呢？

简单说，就是因为这一目标并非我们的"欲望"。说实话，这种目标会让人提不起兴趣，也丝毫没有动力去完成它。

不受欲望支配的行动往往都得不到充足的动力。相反，如果由衷地渴望做一件事，就定能排除万难、持之以恒、事半功倍了。

无欲无求的目标，算不上真正的目标。

例如，想创业、想移居国外、想离职后做一份自己喜欢的工作、想搬到农村开启田园生活、想攀登珠穆朗玛峰……跳出所有的约束，放飞自我好好想想。

但这些梦想或目标往往隐藏在我们的心底，并没有表现出来。因此，想要找到自己的人生目标，我们要做的第一步便是正视自己的欲望。

一听到"欲望"一词,可能很多人都会觉得这是一个贬义词,不过这里所说的欲望,其实是指"内心深处的真实感受,一种不受其他因素左右的希望、愿望、期待"。

我们的大脑分为"边缘系统"和"新皮质",前者位于大脑中的旧皮层,控制着人类的本能行为和情绪;后者则是位于边缘系统之上的新皮层。

旧皮层负责维持生命,控制情绪和行为。

新皮层则具有优秀的学习能力,可以根据具体情况判断应采取的行动。此外,新皮层也是语言的控制者。

所以,即使我们明确了目标,但若只停留在文字层面上,也就不会有具体行动。这就是"我们明明知道该做什么,却总是不会去做"的原因。

这也是为什么有"感动"的说法,却没有"智动"的说法,因为驱动人类前进的并非理性,而是感性。想采取行动,就必须依靠控制着情绪和行为的旧皮层。

只要合理驱动欲望这一情绪,就可以随时与大脑接轨。因为欲望不是思考的结果，而是单纯的感觉。

话虽如此，突然听到"欲望"一词时，大部分人还是会感到很难把握的吧。在下一节中，我将为大家介绍如何揭开蛰伏在心底的欲望。

> **要点** 明白"脑中想法"和"心中感受"的区别。

32 设定目标②：分别倾听"脑中的声音""身体的声音"和"内心的声音"

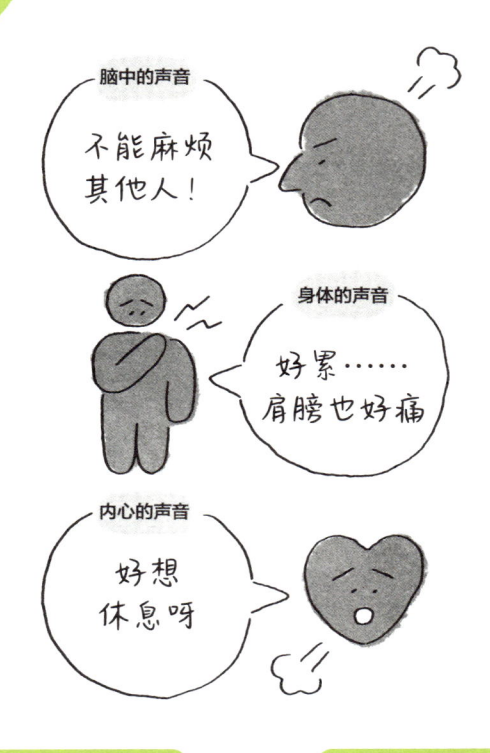

脑中的声音
不能麻烦其他人！

身体的声音
好累……肩膀也好痛

内心的声音
好想休息呀

你属于哪种类型	快速掌握的诀窍
□ "我的想法"最重要 □ 更在意的是"常识或一般认知"，而非"我的想法"	反复问自己，现在的想法真的是自己的"心声"吗

第5章 | 为了梦想和目标，关键是学会行动思考

想要了解自己的欲望，关键在于倾听自己的心声。事实上，我们的思考可以分为以下 3 种类型：

- 脑中的声音：日常的想法。"我必须""我应该"等责任感。
- 身体的声音：身体状态。"肩膀很硬""喉咙很痛"等。
- 内心的声音：感觉或情绪。"我想""我需要"等需求。

日常思考自己的感受时，这 3 种声音往往会同时出现，当然我们也会选择只听某种声音，尤其是脑中的声音。

例如，总是因拖延而感到愧疚的人只会听到"脑中的声音"。经常感到不舒服的人往往是因忽视"身体的声音"而导致过度疲劳。

想要了解自己的欲望，那就每天花一点时间分别倾听一下这 3 种声音吧。如此一来，蛰伏于内心的声音就会浮出水面。

设定人生目标最关键的不在于是否能实现，而在于是否想实现。

然而，很多人都会被"我做不到""我没钱"等脑中的声音所阻碍，于是停止思考。于是内心的声音就被深深地埋藏在心底了。

想要听到内心的声音，就要与自己进行一次对话。只要问自己一个简单的问题："你想做什么？"

抛开曾经的失败与眼前的忙碌，问自己一句："你想做的，到底是什么？"同时在内心描绘一个理想的未来。

例如，你虽然感到这几天有些累，但还在坚持工作。那就问问自己："你想做什么？"

这里有一个诀窍，就是"分 3 次问自己"。

一开始，脑中的声音会告诉你："我要努力工作，公司正忙着，我不能给同事们添麻烦。"但似乎这并非你内心的真实想法。

听到脑中的声音后，再问自己一次："但你真正想要的是什么？"这时就会听见身体的声音告诉你："其实这几天我有点不舒服，肩膀很硬，晚上也睡不安稳，所以工作效率下降了很多。"

然后你接着问："那你要的到底是什么？"这时，内心的声音（欲望）就会出现了："我想休息两三天，好好放松一下自己的头脑和身体""我想好好泡个温泉"或者"我想全身心投入自己喜欢的艺术中"。

如此一来，我们就听到了自己的"心声"。

人生目标也是如此。

假设有过创业的想法却迟迟没有展开行动，那就可能是只听了脑中的声音——"我不行吧""会被别人笑的"。所以反复问自己"真正想做的是什么"后，就会慢慢发现"我喜欢户外运动，所以想在这个领域开始创业"等内心的声音，于是我们的人生目标也就越发具象化了。即便暂时没有答案，也无须焦虑，只要反复问自己："真正想要的是什么？"就一定能慢慢听到自己的心声。

知道自己真正想要的是什么后，就能遇事果决、不犹豫、不彷徨，就能勇于挑战自己的梦想了。

> **要点** 习惯之前，可以先尝试从简单的问题开始。例如问自己："中午吃什么？"

33 明确"目的"和"行动内容"

学语法？
背单词？
明天再做好了

× 漫无目的

我要提高听力水平
TOEIC真题集

○ 目的明确

你属于哪种类型

☐ 有明确的目的和具体计划
☐ 目的并不明确

快速掌握的诀窍

要明白目的不是"制订了就可以",而是需要"慢慢培养"的

明白自己真正想做的事后，就要明确"目的"和"行动内容"了。

所谓"行动内容"，就是决定"何时、何地以及做什么"。

例如，有这么两个想学英语的人。

A 小姐的目标并不明确，只是觉得："学会英语对将来也许会有帮助吧。"她会马上开始学习吗？她可能会在"我今天是背单词好，还是看原声英语字幕的外国电影好，还是学语法好呢"之间徘徊不定，最终决定"算了，明天再开始吧"。

与此相对，B 小姐的目标则十分明确："我打算一年内跳槽去外企工作，所以要好好学英语了。"为了顺利求职，她需要参加 TOEIC 考试并取得 800 分以上的成绩。那么首先要做的就是提高听力水平，于是她决定先从听力入手，练习历年真题以提升水平。

可见，设定明确的目的和行动内容，有利于快速进入学习状态。

要点 "为了什么而做什么"的想法是行动的原动力。

34 先了解自己的价值观，才能明白自己的真正目的

精进技艺

还早着呢……

你属于哪种类型	快速掌握的诀窍
☐ 明白"对自己好"是自己的价值观 ☐ 没有思考目的的习惯	了解"什么会让自己觉得开心"

第5章 | 为了梦想和目标，关键是学会行动思考

读到这里，想必会有读者想问："为什么要这样做呢？即便再问几次'目的是什么'，我也一样回答不上来啊。因为我本来就是因目的不明确而烦恼，所以我想知道的是如何明确自己的目的。"

那么，我们要怎么做才能明确自己的行为目的呢？

迄今为止，我已帮助了 1.5 万多人实现他们的梦想和目标。在此期间，我发现其实人类的行为目的可以大致分为 3 种类型。或者可以说，人类的行为目的都是由其价值观所决定的，而人类的价值观可以大致分为 3 类：

①人际关系。②成就。③精进技艺。

人际关系是指希望得到他人的感谢，或在与他人交往的过程中内心得到充实的价值观。重视人际关系的人会因为一句"谢谢"而大受鼓舞，会因团队的成绩而感到欣喜，也会关心下属及后辈的发展。

成就如字面所示，是指重视实现目标、积极克服困难或挑战的价值观。重视成就的人会因实现目标或创造新纪录而充满干劲，会比其他人更看重自我成长、晋升以及加薪。

精进技艺是指重视专业提升、尊重个人思想及个性的价值观。重视精进技艺的人大都追求独创性、具有创新精神，热衷于开发研究及创新型工作。

这 3 类价值观都很重要，因为它们是人类思维的基础，存在于所有人的心中。只不过，它们在每个人心里的排序各有不同。

基于对自己而言最重要的那个价值观来思考"为了什么？""为了谁？"就可以设定最适合自己的目的了。

例如，需要设定一个"本月实现 ×× 日元销售额"的目标。

重视"②成就"的 A 先生认为达成销售目标是自己的价值所在，所以他浑身充满了干劲，很快就行动起来了。

而重视"①人际关系"的 B 先生不会被单纯的金钱

目标所打动。所以为了提升自己的积极性，他可以把目的设定成符合自我价值观的"向有需要的××人群提供产品"或"用自己的产品让更多人露出微笑"等。

那么对于重视"③精进技艺"的C先生而言，则可以将自己的目标设成"制订一个无论是谁都能轻而易举达成月销××元的促销方案"或"用自己独特的方式，达成××日元的销售额"。如此一来，就会让自己迫不及待地行动起来了。

生活中亦是如此，对于"想减肥"这个目标而言，重视"①人际关系"的人可以设定"瘦一点，找个女朋友"的目标；重视"②成就"的人可以设定"在3个月内减掉5公斤，刷新自己的体重纪录"的目标；重视"③精进技艺"的人则可以设定"开发出一种结合节食和运动的独创减肥法"。

明白自己的价值观后，才能设定更适合自己的目标。

要点 分别在纸上写下价值观①~③的特点。

35 明确行动内容①：设定3个阶段目标

目标

马上就到下个目标！

现状

你属于哪种类型

☐ 对于自己的目标有明确的规划
☐ 对自己要做的事毫不上心

快速掌握的诀窍

明白"终点"和"过程"的差别

第5章 | 为了梦想和目标，关键是学会行动思考

上文中介绍了找到自身"目的"的方法。接下来就来看看如何明确自己的"行动内容"。

例如，即使确定了"TOEIC考试取得800分，然后在一年内跳槽去外企工作"的目标，可能也不会立刻行动起来。确定目标后，我们可能会在当时感觉充满干劲，并下定决心："好！明天就开始学习英语吧！"但第二天醒来后又不知道该从哪儿开始，于是就在迷茫和彷徨中虚度了时光。

这是因为我们没有制定明确的"行动内容"。

以下两个简单的步骤可以帮助我们轻松制定"行动内容"：

①在现状与目标之间设置3个"阶段目标"；
②细分阶段目标。

在此，我将重点针对第一点做一个说明，即在现状与目标之间设置 3 个"阶段目标"。

目标虽已明确，却不知道眼前该做什么，或者从哪里开始……当我们没有明确的行动计划时，就应该在现状与目标之间设置 3 个阶段目标。

阶段目标也可以说是"路标"，就是设置在通往最终目标的道路上的一个个小目标。

假设你将最终目标设定"TOEIC 考试取得 800 分，然后在一年内跳槽去外企工作"，那么你就可以将这个目标分解成以下 3 个小目标：

①三个月内取得 650 分的成绩；
②半年内达到 800 分以上的听力水平；
③达成后，继续调整 800 分以上的阅读水平。

当然，阶段目标的内容因人而异，也因情况而异。

假如你从未参加过 TOEIC 考试，完全不知道这是一种怎样的考试，那么阶段目标"①三个月内取得 650 分的成绩"可能有些过于苛刻。在这种情况下，可以考虑将第一个阶段目标设定为"做过去的真题，看看目前的水平，然后努力在现有水平的基础上提升 100 分"。

总之，我们可以基于最终目标来倒推过程中的阶段目标。与其一下子定下"TOEIC 考试 800 分"的目标，不如将其先分解成 3 个小目标，这样做不仅会让自己更有行动欲望，还会在达到阶段目标的时候体会到成就感带来的喜悦。

当然，这些都是暂定的阶段目标，我们完全可以根据过程中的实际情况来进行调整。

也曾有人问我："阶段目标一定只能设定为 3 个吗？"

少于 3 个的阶段目标过于笼统，不利于实际操作，所以我建议至少应设定 3 个。可以在 3~5 个的范围内，根据实际情况进行设定。

要点　用数字或标准来定义阶段目标，会让人更容易理解。

36 明确行动内容②：细分阶段目标

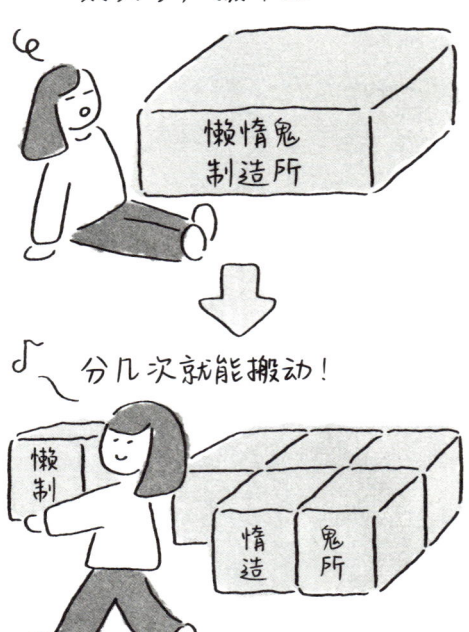

太大了，搬不动……

懒惰鬼制造所

↓

分几次就能搬动！

你属于哪种类型	快速掌握的诀窍
□ "分解"行动 □ "含糊"行动	制订"结果目标"之余，设定"行动目标"

第5章 | 为了梦想和目标，关键是学会行动思考

在现况和目标之间设置阶段目标后，我们还应将这个阶段目标继续"分解"成日常的行动内容，以确保我们会真正行动起来。"分解"这个词常用于教练领域，意味"将大块的东西分成小块"。

若行动内容过于庞大，我们可能就会困惑，感觉不知该从哪里下手才好。分解成小计划后，就会提升其可操作性。

还是以上文中的"TOEIC 考试取得 800 分，然后在一年内跳槽去外企工作"这一目标为例。第一个阶段目标是"3 个月内取得 650 分的成绩"或"做过去的真题，看看目前的水平，然后努力在现有水平的基础上提升 100 分"。

可即便如此，我们依旧不知道该从哪里入手为好。这种情况下，我们要做的就是分解目标了。具体来说，

<u>就是写出该怎么做才能实现这个目标</u>。例如，把"3个月内取得 650 分的成绩"的目标进行分解后，可能会得出以下结论：

- 使用 App 来学习为达到 650 分所需的单词和短语。
- 通过参考书学习为达到 650 分所需的语法知识。
- 使用音频材料练习听力，达到 650 分所需的听力水平。
- 做 TOEIC 真题。
- 报名参加 TOEIC 考试。

而分解"做过去的真题，看看目前的水平，然后努力在现有水平的基础上提升 100 分"的阶段目标后，则可能得出以下结论：

- 购买一份 TOEIC 真题，了解试题类型。
- 做一份真题并打分，了解自己目前的水平。
- 买一本适合现有水平使用的参考书，学习单词和语法。
- 购买音频材料以提高听力能力。
- 报名参加 TOEIC 考试。

按这样大致写下后，可以按照优先级来进行排序。

记得给它们编号。

如此分解行动内容并使其变得更加具体后,就能知道自己今天、本周和本月内需要完成哪些事情了,自然也就不会再觉得"我不知道该从哪里开始,也就不知道该做些什么"。

到这里为止,我们已经做到了①设定人生目标,②明确目的,以及③设定行动内容。

最后,为了保证行动的顺利,我们还要将行动计划具体到"何时、何地,以及做什么"。

不要只是含糊地计划"每周3次,每次学习30分钟",而要设定诸如"本周,我打算在周一、周三及周五的上班前,在餐桌上学习30分钟"等更为具体的行动计划。

要点　行动计划越具体,就越容易实施。

37 在达成目标的前夕,设定一个更高的目标

你属于哪种类型	**快速掌握的诀窍**
☐ 比较有前瞻性 ☐ 只看眼前的事物	转换思路,明白"人生是由一个个连续的目标组成"

第 5 章 | 为了梦想和目标,关键是学会行动思考

我们常听运动员说"目标达成的那一刻,感觉自己已经被掏空了",其实我们也是如此。

假设你为了去国外出差而拼命学习了一段时间的英语,而出差回来后就把英语放下了,因为你已经失去了继续学习的理由。这真是太可惜了。

明白这个道理的人,会在即将达成目标时,立即设定下一个目标。

例如,可以在出差国外时设定一个新的目标:"下一次,我要尝试独自出国旅行""我要好好练习英语写作,以后就可以用英语和外国的朋友通信了"或者"既然学了这么久的英语,不如考虑一下出国留学吧"等等。

因此,要养成目标进度达到 80% 时,就开始设定下一个新目标的习惯。

通过设定新的目标,可以明确我们下一步的具体行动内容。也可以让现在的目标无限延伸,一直让这种紧迫感维持下去。

> **要点** 更新现有目标,可以得到进一步成长。

专栏5 如何提升自我形象,让你的行动焕然一新

我们都明白一个道理:"自我形象的高低,会影响个人目标和愿景的达成。"可见,越认可自己,就越可能设定高质量目标和愿景。此外,自我形象高,总是觉得"我可以"的人,其行动力也比自我形象低、时常觉得"我做不到"的人高出许多。这里介绍一个可以轻松提升自我形象的三步法。

提升自我形象的"三步法"

第一步:**正确认识此刻的自己。**

首先,描述"自己此刻的形象"。例如,可以是某某公司职员、组长、课长,10年资深运动员,销售人员、普通的上班族,丈夫、妻子、两个孩子的父亲、3个孩子的母亲,网球达人,想独立创业的上班族……

请在纸上随意写下你的想法。

第二步：描绘对自己的期望。

从以下3个方面来描绘对自己的期望，即一切顺利的情况下，你希望半年后、1年后、3年后的自己变成什么样子。

①一切顺利的情况下，半年后的自己

②一切顺利的情况下，1年后的自己

③一切顺利的情况下，3年后的自己

例如，成为某某公司的中坚力量、某个行业的新星、新任组长、新任课长、公司高管、某个领域的专家、疼爱妻子的好男人、新锐艺术家、人气博主、在工作或兴趣方面有突出成就……无须谦逊，也无须害羞，写下自己在半年后、1年后及3年后的理想形象。

第三步：从自己的理想未来的模样中挑选一个最适合自己的形象。

无论是"半年后""1年后"，还是"3年后"均可，从其中挑出一个最适合自己的未来的模样，从此刻开始朝着这个目标努力吧。

例如，挑选的是"1年后成为公司高管"，那么即便现在还只是一个"普通的上班族",也可以有意识地提升自己的仪态、措辞、服装、看待问题的角度和高度、工作效率、时间管理方式等等,并加以实践。

在实践的过程中,你会发现个人形象也慢慢有所提升。若能有意识地通过行动来接近理想的未来的模样,成为理想中的自己也就不再是梦想了。

这不就是"梦想成真"了吗?

卷末附录

如何记录推动目标达成的『回顾笔记』

"人生目标"
需要定期刷新

在第五章中,我提到了要为自己设定一个足以改变人生方向的"人生目标"。那么,设定了人生目标后,我们又该怎么做呢?

无论我们设定了多么具有吸引力的目标,干劲都会随着时间的推移而不断下滑;无论遇到多么令人感动的事情,最终都会被淹没于柴米油盐的日常中;无论我们在某一刻涌现出多大的热情,终究也会随着岁月的流逝而慢慢退散……我想,大家都曾有过类似的感慨吧!

就像再热的咖啡也会慢慢冷却,若制订目标后就此放任不管,我们对目标的热情度也一定会慢慢下降的。

因此,千万不要觉得"我已经定下人生目标了"就足够了，我们要做的可远远不止这些。

定下目标后，是否就此放置不管了？

人生目标会牵引着我们不断走向想要的未来。

即便已经设定了人生目标，但一旦出现"完全不起作用""我的行为毫无变化"或"被工作和生活掏光了精力，所以不断拖延"的情况，就需要刷新自己的人生目标，使其更具吸引力。

即使"找到了一个非常好的人生目标"，也别就此满足，因为太多人在制订了目标后便止步不前、放置不管了。不仅是目标，计划也是如此。

所有的目标或计划都不是设定了就可以。为了让自己维持较高的行动力，应定期更新目标或计划，使它们更具吸引力、有效性。

那么，我们要如何刷新自己在深思熟虑后设定的人生目标呢？

我的建议是"回顾"。在卷末附录中，我将说明如何有效回顾目标，让自己的人生目标持续成为前进的动力。

不回顾
就无法实现目标？！

定期回顾目标的进展情况，并适时修正，可以避免半途而废的情况。如此一来，我们经历过的所有事情，无论成功还是失败，都会成为对未来而言的宝贵经验。

完全按照计划实现目标的情况是极少数的。事实上，越努力的人，遇到事与愿违或进展不顺利的可能性也越大。

若不及时回顾，一旦进展不顺，就会武断地判断已经失败了，并就此放弃。而那些及时回顾的人，则会适时纠正自己的方向，从而改变策略再次挑战，也就能进入下一个阶段了。

进展顺利的情况也是如此。若不及时回顾，可能只是满足于这一阶段的成功,却不会积极分析成功的原因,那么这种原因自然就很难被复制到未来的行为中,成功也就难以延续。

而善于回顾过去的人,则会认真分析取得成功的原因和条件,并有意识地带入下一步的行动中。可见,回顾可以让我们化经验为资源,并为下一步行动提供参考。

"回顾"与"反省"的目的不同

有一个类似于"回顾"的词语叫"反省"。二者行为内容相似,目的却截然不同。虽然二者都是"回看过去的行为",但反省只着眼于"失败或不顺的事情",是以避免出现相同错误或相同失败为目的的改善行为。

而回顾则不同。回顾需要同时关注"失败或不顺的事情"以及"成功或顺利的事情"。换言之,需要同时分析"好的原因"与"坏的原因"。可见,回顾的目的是将不论"成功"还是"失败"都作为一种宝贵的经验,并为未来的行为提供参考。

我的学员中,就有部分人曾感慨:"我明明是打算回顾的,最终却成了反省,这反而让我觉得更加沮丧了。"

明明是想回顾，却不知不觉间在大脑中开了一场"失望大会"，最后可能只得到了后悔、自我贬低和自我否定。于是对自己越来越没信心，觉得"我真是个废物""可能果然还是没有天赋哇，所以即便这么努力了也依旧做不好""做了也没用的"等等。

如果能做到"我擅长反思，但不擅长回顾"，其实也已经成功了一半。接下来只要有意识地回想"成功或顺利的事情"即可。能养成归纳成功原因的好习惯，有助于提升成功的复制率，让自己的人生变得更顺利。

做好"回顾"的 3 个要点

在进行回顾时，可以注意以下 3 个要点。

要点 1：回顾频率

我的建议是以"星期"为单位进行回顾，原因有三。

其一，这个做法更容易坚持。

如果以"日"为单位，可能就会因为忙碌而无法确保时间。但若以"月"为单位，可能又会因为间隔太久而忘记此前发生的某些事。

因此，我比较建议以"周"为单位，即使很忙，大部分人也都可以努力挤出一点时间。而且很快就到下一周了，也就不那么容易遗忘。

其二，我们会因此得到每年52次重置的机会。

即使生活或工作中出现了一些阻碍，在以"周"为单位的回顾之后，我们就能在周末及时重置目标，并从下一周开始迎接新的挑战。如此一来，我们不仅能在一年的时间内发起52次挑战，还能获得52次重置的机会，也就更有利于我们调整行为方向。

其三，这个做法可以减轻心理压力。

每天进行一次回顾，对于那些总被日常工作压得喘不过气来的人而言可能会成为一种义务，而非乐趣。一旦有了"为了每日的回顾，我得每天都有所动作才行"的想法，那这件事就毫无乐趣可言，自然也就难以持续下去。不仅如此，若时常因为忙碌而疏于回顾，我们可能还会因此陷入自我怀疑的困境。长此以往，不仅会阻碍回顾，还可能让人失去自我挑战的勇气。

而以"月"为单位的回顾，则很容易令人掉入完美主义的陷阱。

计划内容跨越的时间越长，我们就越容易高估自己，认为"这点事情而已,很容易就能做到"。于是我们总会制订过高的计划,最后又因为"没有太大进展"或"没有想象的那么顺利"等种种原因而无法达成,反而会因此而感到挫败。以"周"为单位的回顾,可以让我们更易确保挑战自己的时间,也更容易看清自己的能力,从而制订出更加务实的计划。

为了提升回顾的效果,我们可以设定一个固定的回顾时间,例如,"每周五晚上 9 点""每周一早上 6 点"等等。每次回顾 5 ~ 30 分钟即可,我们可以先从每次 15 分钟开始。

要点 2:**回顾顺序、方法**

请一定要按照"顺利(成功)→不顺(失败)"的顺序来进行回顾。将回顾的结果转化为行动计划,反映进后续的日程表中,详细内容请参阅下文。简单来说,就是找出"顺利"的原因和条件,仅这一点就能有效提高成功的可复制性。而对于"不顺",则要积极寻找问题所在和解决办法,并及时修正我们的目标。

要点 3：如何善加利用回顾成果

若积极回顾的成果无法对后续行为产生积极影响，那就是十分遗憾了。所以我们应有意识地注意 3 个问题，将有助于我们善加利用回顾成果：

- 怎么做才能离自己的梦想和目标更近一步？
- 如果还有改善的空间，那我应该做些什么？
- 这个经验对今后会产生哪些帮助？

只要注意到这些方面，回顾的成果就能对未来的行为产生积极影响。

什么是刷新行动内容的"回顾笔记"?

首先准备一本笔记本用于归纳回顾内容,笔记本的规格、尺寸不做特殊要求。接着如下页图中所示,画成纵横交错的4个方格。

左上方格内填写"计划内容",右上填写"成功或失败的内容",左下填写"难点、问题",右下填写"计划修正方式"。

画好以后,按照下述4个步骤开始回顾。

步骤1 在笔记本中填写为实现目标而设定的"计划内容"。

在第5章中我曾介绍过,想要达成目标,就应设定出明确的"行动内容"。在现状与目标之间,设定3个阶段目标,通过分解目标来确定每个阶段的具体行动。

①计划内容	②成功或失败的内容
③难点、问题	④计划修正方式

首先,将这个具体行动的内容填入四个方格中的左上角内。

例如,A 先生设定了一个人生目标——我想从公司辞职,开一家走廊咖啡馆。

基于这一目标,A 先生将自己的第一个阶段目标定为"学会怎么开咖啡馆"。为了实现这一目标,他又进而设定了"购买一本关于开咖啡馆的书,并认真阅读""去拜访一位从公司辞职后开咖啡馆的人"以及"多去几家咖啡馆,研究它们的菜单和价格"的行动内容。然后,他会在四方格的左上角写下来。

填写完毕,就要积极采取行动了。

步骤2 写下"成功或失败的内容"。

在笔记本上写下具体的行动内容,并在一周后回顾自己是否真的采取了行动,接着在四方格的右上角写下"成功或失败的内容"。

按照上文的步骤,从"成功"的事情开始回顾。如果我们没有注意到这一点,过去的美好回忆可能就会被不好的记忆所淹没。所以在回顾时,应有意识地从"美好的回忆"开始。

例如 A 先生成功做到的事情包括"买了一本关于开咖啡馆的书""阅读了书中的一个章节"。他失败的事情包括"去拜访一位开咖啡馆的人"以及"研究菜单和价格"。

成功的事情无论大小。即使买了书却一页没看,但只要买了,就可以算是一个成功。再退一步说,即使连书都没买,但只要认真思考了要买哪本书,也能算是一个成功。所以就可以在这个格子里写上"决定了要买哪本书"。

步骤 3 写下"难点、问题"。

写下"成功或失败的内容后",就该在左下角填写目前的难点和问题了。

在这一部分,应基于前面提到的失败内容来思考"要怎么做才能改善?"并将分析的结果作为"问题"填入。

以 A 先生为例,这里的问题就是:"如何才能拜访到那些经营咖啡馆的人?"

继续分析后,可以得出以下问题:

- 应选择在工作日拜访,而非对于咖啡馆而言最忙碌的周末。

- 应将可选择对象设为多人，而非仅限定一人。
- 预约陌生人是一件很困难的事情，所以应尽量降低难度。

如此一来，问题就会慢慢浮出水面。

这一格也可以写一些与目标没有直接关系的"困难"或"烦恼"，例如，"加班太多""睡眠不足，运动不够""担心孩子的考试成绩"或"缺乏与家人的沟通"等。

我们总习惯于采用简单的方式来决定"只要怎么做就能达成目标"。事实上，对于中长期目标的稳步实现而言，我们的身心健康、工作方式、时间管理方式、与家人及同事间的关系，都会起到一定的影响作用。

所以，除了"目标"外，还可以在这里写下自己的"困难"或"烦恼"，以便对自己的现状做出更客观的认识。意识到现状和问题后，就能有针对性地采取行动了。

步骤4 写下"计划修正方式"。

确定了"难点、问题"后，就可以修正自己的行动计划、确定下周的行动内容,并填入右下角的方格内。

首先要对步骤的中的"成功"的原因进行分析,将有益因素带入下一步的行动计划中。就 A 先生而言(上周比较空闲,所以去买了书),就可以写"周一下班后去查看菜单和价格"。

接下来,根据步骤 3 中填写的难点或问题,修正自己的行动计划。

例如,"在上班的电车中阅读与开店相关的书籍""每周至少一天准时下班,可以在工作日去咖啡馆了""先以顾客的身份去喝咖啡(而不是突然拜访)""利用网络了解我家附近 3 家咖啡馆的菜单和价格(而无须亲自上门)"等等。

新的行动计划可以直接写在下一页的左上角上,因为它会成为下周的回顾内容。这听起来似乎有点麻烦,不过提前一周在左上角写上内容后,我们就会有想要继续写下去的欲望,这也有利于持续地回顾。

如果能做到每周持续这四步循环,稳步实现人生目标就不再是梦想了。

我们可能需要一段适应期,在这段时间里,可以设定一个例如"30分钟"等用于填写笔记本的限制时间,并在这段时间内,尽可能详细地描述对应的内容。

习惯了以后,也许就能在 1 分钟左右完成这项工作了,所以请一定尝试看看。

后　记

非常感谢您坚持读完本书。

对了,不知道大家有没有遇到过曾拼命坚持的事情?

如果有人问我,"你曾热爱过什么吗?"那我很快就会有答案。但如果问我,"你曾有过拼命坚持的事吗?"那我可能就需要认真思索一阵子了。

前几日,由我主办的网上沙龙的一个成员和我交流心中的困惑并寻求帮助。

我觉得自己是那种非常讨厌为了某些执念而牺牲某些东西的人(能否做到是其次)。我也有自己的兴趣,也有自己想要过的生活,但我选择顺水推舟式的努力。

但我觉得要是和朋友谈论自己的这个价值观,他们定会说我"过于舒适",或劝我"要付出比他人更多一倍的努力"吧。

一方面,我觉得自己不该过于在意别人的眼光,但另一方面,我又从未在学习或工作上获得过任何成绩,所以我最近总在想:"我是不是也该拼命坚持一些事呢……"

如果这个想法会激起我"必须这样做!"的决心,那自然是很好的。可最后,我想到的都是一些消极的事情,不过是徒然浪费时间罢了。所以我想听听老师您的建议……

首先,能够了解"这是我现在的价值观"本身就是一件值得开心的事情了。"我是不是也该拼命坚持一些事呢"是他"脑中的声音"。所以倒也不必过于强求自己。在我看来,这其实是本末倒置了,我们不该按照"脑中的声音"来强求自己一定要怎么做,而是应该遵从自己"内心的声音"来行动。

事实上,"拼命坚持了,所以成功"的案例是极少的,大部分人都是"遇到了自己真正感兴趣并愿意拼命坚持下去的事,于是不知不觉就成功了"。

无须刻意寻找，我们也都会遇到自己热衷的事物，并在某段时间内进入忘我的境界。回头看来，虽然也不乏"做出了某些牺牲"的情况，但大部分还只是"当时太喜欢了"或"不顾一切"的情况。

其实，我们还可以试着"挑战自己的极限"。

这里所说的"极限"可能只是一种假设。但只要"试着挑战一次自己的极限"，我们可能就会发现"自己身上出现了新的可能性"。

如果不想勉强自己或做出牺牲，不如索性就"拼命坚持照顾好自己"如何？如此一来，就可以在不违背自己的价值观的情况下挑战极限了。

遇到真正热爱的事物，也许是今天，也许是明天，也可能是一年后的某一天。

在那一天来临前，先明确自己想要的未来，并从此刻开始一步一个脚印地踏实积累自己吧！

值此成书之际，我想对长期支持我创作的所有人表示衷心的感谢。

首先是担任本书编辑工作的 KANKI 出版社的重村启

太老师，谢谢您给了我许多建议和鼓励，其次是本书的插画师铃木衣津子老师，谢谢您对本书的大力支持。再次感谢我的客户以及行为创新计划的伙伴们，是你们支持着我一步一步走到今天。

除此之外，还要感谢我的妻子朝子，无论是生活还是工作，她都是我最坚强的后盾，全力支持着我的一切。同时还要感谢我的两个儿子——晃弘、达也，感谢你们对爸爸的支持。

最后，谨对阅读本书到最后一页的读者朋友们，致以最真诚的谢意。

衷心希望所有的读者朋友们都能事事随心而行，也希望本书能成为诸位开启未来之门的钥匙。

期待在不久的将来，我们能够坐在一起，开怀畅聊。

大平信孝

极简关键词索引

如想了解详细信息,可参阅【 】内的我的出版物。

1 ▶ 多巴胺	行动力源泉。多巴胺会激发我们的行动欲望,让人产生愉悦感,是一种来自大脑"腹侧盖区"的神经递质。	P4
2 ▶ 临时决定、临时行动	说是临时,其实也就是到目前为止确定的行动。不过因为是临时的,所以可以随时进行修正。 【《认真想要改变自己的行动创新》(大和文库)】	P8
3 ▶ 10秒行动	10秒内可以完成的具体行动。一旦开始,就会起到助燃剂的作用。 【《立即想要改变自己的行动创新》(秀和系统)】	P11

4▶ 沉锚效应	即设定条件。可消除因"地点""时间"等的因素导致工作等行动延迟的问题。 【《一个笔记本搞定你的拖延症》（大和文库）】	P20
5▶ 情绪一致性效应	心情愉悦地开始新的一天后，情绪就能坐上"上行"电梯了。 【《瞬间改变磨磨蹭蹭的小习惯》(Sanctuary出版)】	P29
6▶ 破除行动障碍2法	①查明原因，排除障碍因素 ②专注目的，尽力减少障碍 【《"成功者"与"失败者"的习惯》（明日香出版社）】	P35
7▶ 用5个文件夹整理电脑桌面	将所有的文件分为"①保存、参考用""②已完成""③本周""④进行中""⑤其他"这五个大类，并记住每月整理一次！	P43
8▶ 10秒指令备忘	工作暂停时，应写下重新开始时的最初任务，如此一来，后续的工作就能顺利进行了。 【《瞬间改变磨磨蹭蹭的小习惯》(Sanctuary出版)】	P48
9▶ 早上第一道指令备忘	下班前，针对"明天早上的第一件事"做一个初步计划。这可以保证每天早上都能快速进入工作状态。	P51

10 ▶ 超认知	能客观认识自己的已知和未知范围。	P56
11 ▶ 控制紧张度	过度紧张或太过散漫，都会阻碍我们的行动步伐，所以保持适度的紧张感，可以提升我们的行动效率。 【《瞬间改变磨磨蹭蹭的小习惯》（Sanctuary 出版）】	P62
12 ▶ 皮格马利翁效应	希望达成他人对自己的期待。过于松懈时尤其有效。 【《瞬间改变磨磨蹭蹭的小习惯》（Sanctuary 出版）】	P65
13 ▶ 将与自己的约定设为 VIP	总是将自己的事情放在最后处理的人，可以试试将自己视为重要的 VIP 客户，事事都置于最优先的位置。	P68
14 ▶ 定能依计划行事的计划制定方法	凡事不可只设一个计划，应在计划 A 之外，事先设定计划 B.C.D 等替代方案，即使中途出现意外情况，事情也依旧能够"按计划"进展。	P71
15 ▶ 人类的两大行动原理	"回避痛苦"与"追求快乐"。合理调动这两个开关，可以让我们快速行动起来。【《"能持续下去"才能改变自己的人生》（青春文库）】	P74

16 ▶ 内心演练	在心里想象一遍行动目标后,就会被一种"好想体验!"的期待所充斥,就会以一种兴奋、雀跃的心情投入其中。	P79
17 ▶ "做到了!"是最强的暗示	如果一直在内心描绘"做不到""太难了"的悲观型场景,就会变得越发拖延。而如果描绘的是"做到了!"的乐观型场景,就会自然而然地开始联想"怎么才能做到呢",并因此而获得动力。	P88
18 ▶ 俯瞰	站在一个更高的角度看待自身情况的行为。如此一来,就可以淡然看待眼前的结果,不会忽喜忽忧,而是能够学会不断尝试。	P92
19 ▶ "成功眼镜"与"失败眼镜"	不会肯定自己的人,很容易戴上"失败眼镜"看低自己。即便并不完美,但只要存在某些优点,就应该戴上肯定自己的"成功眼镜",这更有利于后续的行动。	P97
20 ▶ "结果目标"与"行动目标"的区分	"结果目标"注重的是结果,而行动目标则着眼于为产出结果而采取的必要行动。需根据具体情况来选择关注点,若得不到想要的结果,则应关注"行动目标",若难以突破现状,则应关注"结果目标"。	P101

21 ▶ 时间账本	如同金钱账本一般,可以试着将自己的时间使用方式划分为"投资""消费"及"浪费"。若不增加"投资时间",生活就会仅能"维持现状",所以应有意识地增加"投资时间"。	P121
22 ▶ 划分每天的时间	将每天的时间划分为"上班前""上午""15点前""下班前"和"到睡前为止"这五大部分,并为每个时间段安排最合理的工作或任务,从而确保有时间做"想做的事"。	P126
23 ▶ 帕金森定律	说明"工作一定会持续到截止时间的前一刻"的法则。为了避免陷入这一问题,应为自己设置一个限定时间,就能让注意力变得更加集中,并在最短的时间内完成。	P131
24 ▶ 认真的30分钟	在注意力较为集中的时间段内留出30分钟来"全力以赴"。这么做可以减轻拖延,获得成就感。应确保一日两次的频率。	P135
25 ▶ 个人秘诀	找到最适合自己的体力、注意力恢复法以及情绪调节方法。可以预先确定符合各种具体情况的情绪调节方法或状态恢复方法。	P138

26 ▶ 提升时间质量的两个方面	①是否有收获？ ②是否身心都处于良好的状态？ 这里所说的"身心状态"是指身心的健康及状态。	P140
27 ▶ 零基行为	为消除不满、不足等情绪，让"消极情绪"归零所采取的行动。	P145
28 ▶ 加分行为	为了获得满意度、成就感和幸福感而采取的"创造更多价值"的行动。在采取零基行为的时间段内思考自己真正想做的事，可以促进梦想或目标的实现。	P147
29 ▶ 人生目标	似乎很渺茫，但又"打从心底渴望实现的目标"。人生目标会成为推动我们前往理想未来的动力。 【《一个笔记本搞定你的拖延症》(大和文库)】	P150
30 ▶ 欲望	内心深处的真实感受，一种不受其他因素左右的希望、愿望、期待。无欲无求的目标，算不上真正的目标。 【《认真想要改变自己的行动创新》(大和文库)】	P154

31 ▶ 3种声音	"脑中的声音""身体的声音""内心的声音"。分别倾听这3种声音,有助于了解自己"真正的需求"。 【《认真想要改变自己的行动创新》(大和文库)】	P158
32 ▶ 3类价值观	"①人际关系""②成就""③精进技艺"。对自己而言最重要的那个价值观来思考"为了什么?""为了谁?",就可以设定出最适合自己的目的了。	P166
33 ▶ 阶段目标	在实现目标的过程中,设定的阶段性小目标。在现状与目标之间设定3个阶段目标,可以让我们的行动计划更明确,也更易于实施。	P170
34 ▶ 自我形象	对自己的定义。自我形象越良好,"我可以"的信念也就越强,可以提高行动效率。	P180
35 ▶ 回顾笔记	每周回顾一次并及时修正行动方向。对于实现人生目标而言,回顾笔记是一个非常有效的方法。	P193

时间有限，我们只读好书。

诚邀关注"只读文化工作室"微信公众号

KO！再见，拖延症！

【日】大平信孝 | 著　只读文化工作室 | 出品

时间有限,我们只读好书。

—"再见,负能量!"系列—

《KO!再见,拖延症!》

《KO!再见,不成功的恋爱!》

《KO!再见,羞怯!》

《KO!再见,语言暴力!》

《KO!再见,焦虑症!》

《KO!再见,社交恐惧!》

《KO!再见,边缘型人格!》

《KO!再见,职场PUA!》

……

大平信孝・KO！再见，拖延症！
やる気に頼らず「すぐやる人」になる37のコツ

版权登记号：01-2022-5047

图书在版编目（CIP）数据

KO！再见，拖延症！/（日）大平信孝著；潘郁灵译. -- 北京：现代出版社，2022.9
ISBN 978-7-5143-8484-0

Ⅰ．①K… Ⅱ．①大… ②潘… Ⅲ．①成功心理-通俗读物 Ⅳ．① B848.4-49

中国版本图书馆CIP数据核字（2022）第138750号

YARUKI NI TAYORAZU "SUGU YARU HITO" NI NARU 37 NO KOTSU © 2021 NOBUTAKA OHIRA
All rights reserved.
Originally published in Japan by KANKI PUBLISHING INC.,
Chinese (in Simplified characters only) translation rights arranged with
KANKI PUBLISHING INC., through Shanghai To-Asia Culture Communication Co., Ltd.

KO！再见，拖延症！

著　　者	[日]大平信孝
译　　者	潘郁灵
责任编辑	朱文婷
出版发行	现代出版社
通信地址	北京市安定门外安华里504号
邮政编码	100011
电　　话	010-64267325　64245264（传真）
网　　址	www.1980xd.com
印　　刷	固安兰星球彩色印刷有限公司
开　　本	787mm×1092mm　1/32
印　　张	7.25
字　　数	110千字
版　　次	2022年11月第1版　2024年7月第2次印刷
书　　号	ISBN 978-7-5143-8484-0
定　　价	49.80元

版权所有，翻印必究；未经许可，不得转载